U0150888

它们的名字

[法]斯特凡·赫德 [法]马塞洛·佩蒂内奥 著　　吴一凡 译

天津出版传媒集团
天津人民出版社

果麦文化 出品

写在前面

斯特凡·赫德

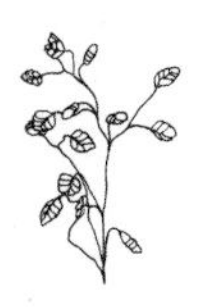

毋庸置疑，我喜欢乡野，尽管我原本以为生活于此会是无聊而单调的。然而经过日常生活中令人难以置信的点点滴滴，大自然改变了我的想法。事情很简单，我和家人一起在被河流、池塘、森林、草地和原野包围的小屋里安居后，惊喜一个接着一个地出现。冬天，壁炉中火焰燃烧的味道让我着迷，裸露的枝干上鸟儿在鸣唱，鹿和狐狸的脚印在平原上留下细纹——它们仿佛和平共存。寒冷把一切都凝固了。然后，温暖的气息到来，金银花和蝗虫出现了，蝴蝶在松虫草上飞旋。此后，天气会热起来，我像七岁时那样看着光线在罂粟花田上变化。在接近十五年的时间里，我怀着一贯的热情拍摄这片生机盎然的隐秘之地，肺里浸润着这里散发的干草气息。我的这场冒险或许是在不经意间开始的，但却得益于亲人好友的支持。我从未想过自己会如此长时间地观察大自然，直到无意中已经完全沉迷于此；从未想过自己会坐在水边，一边看波纹散开推走云的影子，一边耐心看着母鸡小姐们自在地嬉戏，等着公鸡的追求；也从未想过自己会爱上呼吸那散发着淡淡李木香的空气，而此时灌木丛中蝴蝶早已翩跹起舞。

总的来说，我喜爱我生活的地方，希望和你们分享我对生物的热情。大自然是如此触手可及，没有高山相隔，没有无法逾越的障碍，你可以轻易瞥见自然瑰宝，把这份瑰宝传给后代是我们所有人的义务。

当然，本书要做的不是盘点花草植物，也无法完成这项任务。我只是掀开大自然的面纱一角，让人近距离看看被误解的自然，从而把了解它的渴望变成真正的探索行动。

我希望这本书是有教育性的、有趣的、有诗意的，这或许充满野心，但我希望你们会跟凯茜、马塞洛和我一样喜爱本书。

祝你在大自然里散步愉快。

欧白鱼 *Alburnus alburnus*

欧白鱼身长十七至二十三厘米，寿命三至六年。以一些小型软体动物、甲壳类动物、落到水面的昆虫、漂浮的蔬菜或花草为食。雌性一次产卵一千至两千五百枚。值得一提的是，这是一种群居性特别强的鱼，经常会组成庞大的队伍集体行进。

栖息地：平静的河流和湖泊。

琥珀螺 *Succinea putris*

这种身长只有十六至二十二毫米的小蜗牛多出现在潮湿地带，如池塘、河流和湖泊附近，平均寿命三年。它们和所有陆地蜗牛一样雌雄同体。冬季蜷缩在土里或是躲在树叶下，夏季则在沼泽旁黄菖蒲的长条形叶子上漫步。它们是鸟类寄生虫的间接寄主。

栖息地：河边树林、水生植物、湿草甸。

蓝晏蜓 *Aeshna cyanea*

这种身长达到六十七至七十六毫米的大蜻蜓每年从七月开始活跃，有时最晚到十一月还能发现它们的身影。通常喜欢在黄昏捕食小昆虫。雌性蓝晏蜓多在植物丛中或河岸边的倒木上产卵，雄性会激烈地争夺领地。蓝晏蜓会出于好奇主动靠近人类，但不用担心，它们不会伤人。

栖息地：静水附近。

棕晏蜓

Aeshna grandis

标志性的烟草棕色，且身形相对较大，身长能够达到七十至七十七毫米。棕晏蜓每天从下午开始狩猎，直至黄昏时分，多见于森林地带。在五月底至十月初活跃。

为了找到拍摄它们的最佳时机，我徒劳无功地追在它们身后跑了好久……

栖息地：平静而富有水生植物的湖面。

混合蜓

Aeshna mixta

世界上最小的蜓类之一，身长只有五十六至六十四毫米。和蓝晏蜓所居之地相似，狩猎时间多在晚间，享受在高处快速飞行。雄性混合蜓会在水岸边巡逻、盘旋、停留——这也是为它们拍照的最佳地点。

栖息地：静水。

毛蜻蜓

Brachytron pratense

毛蜻蜓看上去和混合蜓相似，但比混合蜓更小，身长只有五十至七十毫米。这种蜻蜓是蜻蜓里最勤劳的一拨，每年从三月至八月底都能看到它们在水面以“Z”字形飞行。

栖息地：喜欢平静而富有水生植物的湖面、运河中的芦苇丛、沼泽、枯枝和被水淹没的草地。

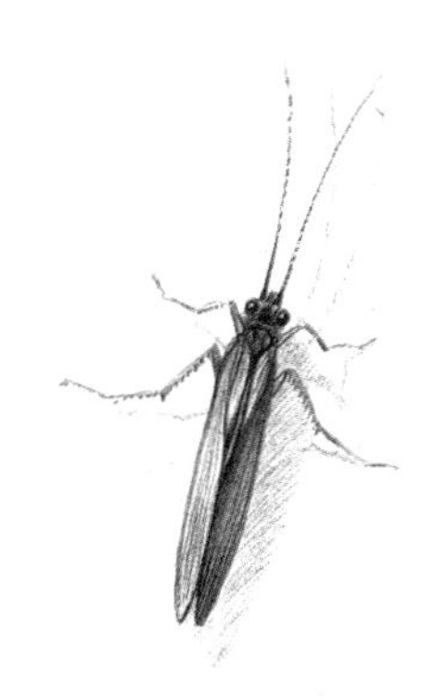

扇蟌

Platycnemis pennipes

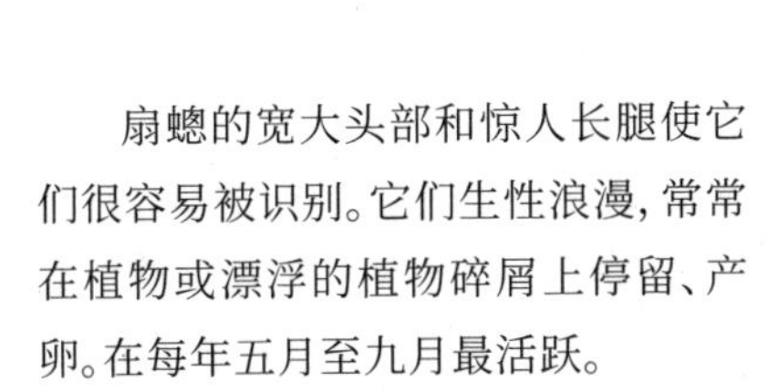

扇蟌的宽大头部和惊人长腿使它们很容易被识别。它们生性浪漫，常常在植物或漂浮的植物碎屑上停留、产卵。在每年五月至九月最活跃。

栖息地：喜欢流水，但也常在湖泊、池塘、人工水源等静水出没。

天蓝细蟌

Coenagrion puella

♀ 未成年

♂ 成年

这种豆娘身形细长，会在蒲草和黄菖蒲之间优雅而精准地穿行，也会长时间地隐藏在植物丛中。它们分布广泛，在每年五月至九月最为活跃。想要找到它们颇为简单，只要坐在水边耐心等待。当它们出现在你周围，扑扇着翅膀，你会发现突然之间一切都活了起来。

栖息地：流水和静水附近、水生植物之间。

帝王伟蜓
Anax imperator

欧洲最大的蜻蜓，翅展能达到十一厘米。这种蜻蜓较为独特，雌性独自在水草上产卵，幼虫能吃体形比它们大的软体动物和蝌蚪。在每年的四月至十月活跃，其中六月至八月数量最多。喜欢在树顶栖息，成群聚会时场面非常壮观。不过，想要看到这场面就不得不早起或晚睡，因为它们会在深夜一点时出动，于黎明到来之前在夜色的庇护下赴宴。

栖息地：静水、缓流。

哀豹蛛
Pardosa lugubris

因为名字里有“豹”和“蛛”两个字，它们可能很难招人喜欢。雌性身材娇小，却是能干的好母亲。一开始身后拖着卵袋，待幼蛛孵出后，它们就把孩子们驮在自己的背上，这就是它们的家庭。特别的是，哀豹蛛不织网，而是在地面上捕食昆虫为生。平均寿命两年。

栖息地：在欧洲颇为常见，多见于树林边缘和阳光充足的地方。

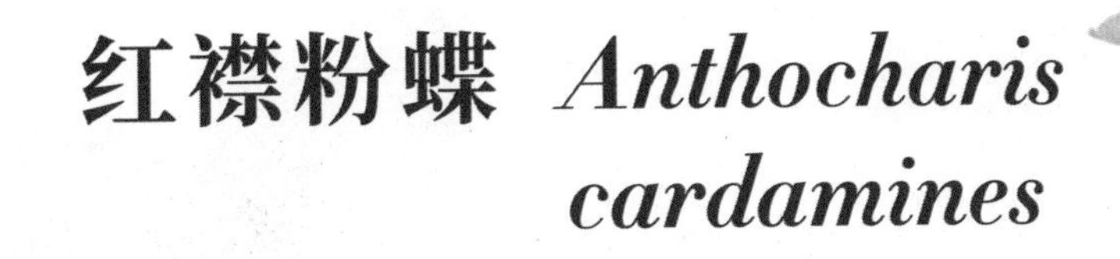

红襟粉蝶 *Anthocharis cardamines*

红襟粉蝶的雌性和雄性外表差别很大：雄性前翅的顶端呈橙色、边缘呈黑色，而雌性前翅呈白色。我们可以从学名中看到，这种蝴蝶得名于自己的寄主植物——碎米荠，在糖芥属和银扇草属等十字花科植物上也能找到它们的幼虫。这种蝴蝶冬天成蛹，每年的三月至七月成蝶，五月时最为多见。喜欢在晨间活动，常常和第一道曙光一同出现。

栖息地：花丛、草地、树林、护堤、碎米荠的枝头。

♂

枯灰蝶
Cupido minimus

♀和♂
相同

啊！我真是太喜欢这个灰蝶科的小可爱了。翅展二十至二十五毫米，看起来柔弱而欢快，在阳光下从一朵花飞向另一朵，寄主植物是黄苜蓿。它们在幼虫时期被蚂蚁们照料得很好，所以完全不用担心能否活到成虫。成虫在四月至九月活跃，一年繁衍两代。

栖息地：长有花草的山。

白缘眼灰蝶
Lysandra bellargus

这种蝴蝶翅展二十五至三十六毫米，身形大小不一，雌性和雄性外表差别很大。一年繁衍两至三代，幼虫时期和枯灰蝶一样由蚂蚁们照料。豆科植物中有不少都是它们的寄主植物，像是三叶草、百脉根属、苜蓿等。从三月底一直到十一月初，我们都能看到它们在花园里和山上的花丛中飞舞。成年的白缘眼灰蝶会主动朝你飞来，因为它们喜欢人类的汗水——从那里能找到盐分。我承认，所有的蝴蝶我都喜欢，对这个“夏日使者”更是有着特别的偏爱。

栖息地：分布极为广泛。

小红蛱蝶 *Vanessa cardui*

小红蛱蝶翅展四十至七十毫米。它们是出色的旅行者，会飞往非洲过冬，迁徙距离能够达到四千千米。有时还会大量迁徙，数量最多时能达到一百万只。它们也是世界上分布最广的昼行性蝴蝶。

栖息地：开阔的、长有寄主植物的草地。寄主植物包括荨麻、锦葵、冬花、牛蒡、薰衣草，以及朝鲜蓟、欧洲蓟等蓟属植物。

玫瑰犁瘿蜂 *Diplolepis rosae*

瘿蜂属于小型膜翅目昆虫，在寄主植物上产卵而留下囊状的虫瘿，幼虫就在里面生长。虫瘿比瘿蜂本身更为人所知，它们会给植物带来非常漂亮的变化，而且也不会对植物产生很大伤害。

栖息地：哪儿有它们的寄主植物，哪儿就有它们的存在。

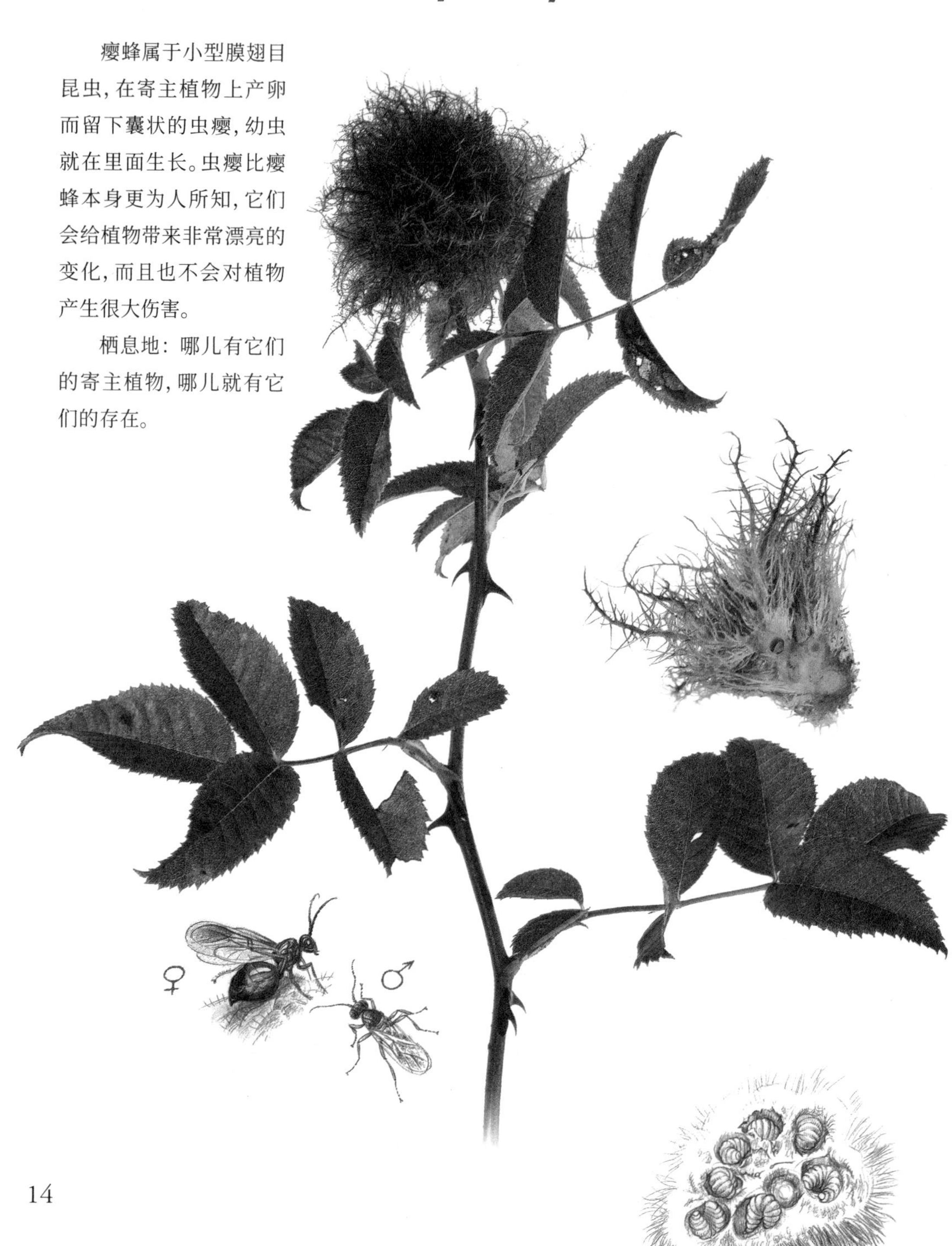

獾 *Meles meles*

这种夜行性跖行动物常以小群体的方式平静地生活在一起，小獾互相嬉戏，成年獾有时也会加入其中。雌性怀胎两个月，母乳喂养三个月，而大多数成年獾会在四五岁前因碰撞和宰杀而死。这种动物会用一些残枝划定领地，同时它们还是挖洞高手。它们的洞穴入口非常隐秘，里面更是一座真正的迷宫，深度可达四米，长度可达三百米。出口附近设有集体厕所，排便通常会持续几分钟。獾经常挖新洞，有时也会重复利用旧巢。主要吃昆虫、蚯蚓、蟾蜍、青蛙、掉进它们洞中的小型啮齿动物，还有水果、蔬菜及植物根茎。

栖息地：森林。

短毛熊蜂 *Bombus subterraneus*

短毛熊蜂及其他熊蜂属的蜜蜂体形都相对较大，而且浑身毛茸茸的。和所有授粉昆虫一样，它们是花朵、树木等各种植物的得力助手。然而令人惋惜的是，农药的使用让它们的数量持续下降。

栖息地：地下巢穴、田野。

大蜂虻
Bombylius major

瞧瞧这只漂亮的蜜蜂！作为一位名副其实的“授粉运动员”，这种胖乎乎、充满好奇心的小蜜蜂常常在各种花朵上巡游、传播花粉，像直升机一样盘旋着，在采蜜时才停下来。从每年三月开始到六月都能看到它们忙碌的身影。

栖息地：花朵盛开的草地、花园。

凌风草
Briza media

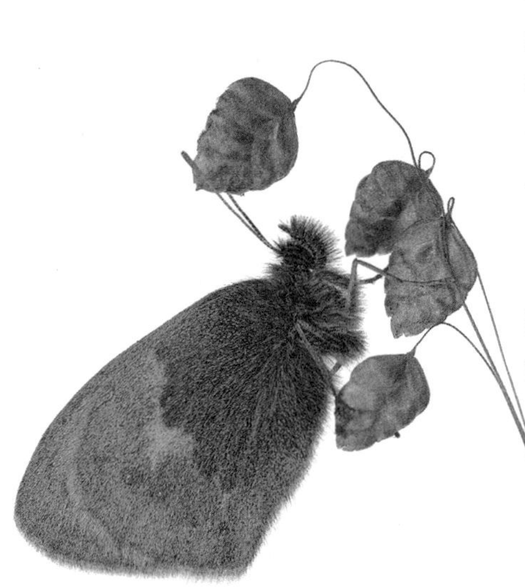

我忍不住要为凌风草和它们优美的心形小穗而欢呼！这些小穗像赛跑一样在风中剧烈摇摆着，请问还有比这更精巧的植物吗？凌风草经常出现在草地上和路边，生长在禾本科和其他植物中间。但是，人们长期清理路边野草使得它们和野生兰花一样几乎消失，而没有被人为清理过的沟渠和小路就成了它们的庇护所，与之共存的还有许多野花、蝴蝶和鸟类。最近，我家附近的除草公司延后了除草日期，并进行了合理的除草，整个欧洲范围内已经有越来越多的人这么做了。少除草或晚除草都对凌风草有所助益，这样一来，它们就能找到合适的生长之地了。

栖息地：湿草甸、路边。

欧鳊 *Abramis brama*

欧鳊身长二十五至六十毫米，寿命能达到十年。在平静、较深的淡水中过着群居生活。它属于杂食性鱼类，吃浮游生物、摇蚊[i]幼虫、甲壳类动物、谷物等。

栖息地：平静的河流、池塘。

狍 *Capreolus capreolus*

狍是群居动物，有时群体数量非常庞大。有一回，我在一片草地上至少看到了三十头！它们生活在植被良好的森林中，常常一起休憩。如果植被比较高，我们就很难见到，所以在植被稀少的秋冬时节会更容易发现它们。草食性动物，吃植物嫩芽、嫩枝、树叶等，夏天则会吃很多熟透的水果。它们的体形非常利于奔跑，一只狍的奔跑速度能接近每小时一百千米。夜间也会活动，因此经常遭遇车祸。如果能逃过这种劫难和猎人的话，就能有十五年的寿命。

栖息地：落叶林、混交林。

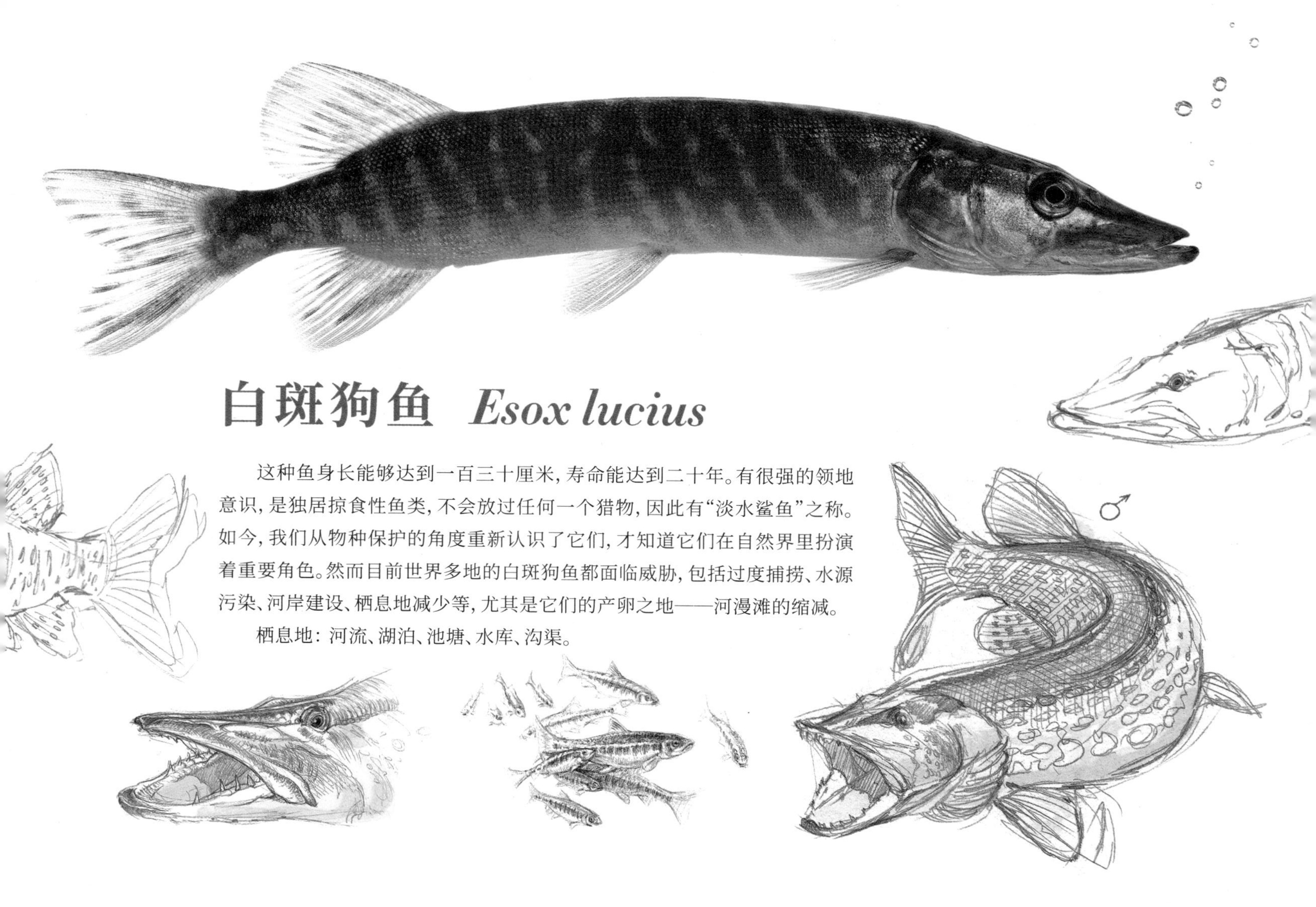

白斑狗鱼 *Esox lucius*

这种鱼身长能够达到一百三十厘米，寿命能达到二十年。有很强的领地意识，是独居掠食性鱼类，不会放过任何一个猎物，因此有“淡水鲨鱼”之称。如今，我们从物种保护的角度重新认识了它们，才知道它们在自然界里扮演着重要角色。然而目前世界多地的白斑狗鱼都面临威胁，包括过度捕捞、水源污染、河岸建设、栖息地减少等，尤其是它们的产卵之地——河漫滩的缩减。

栖息地：河流、湖泊、池塘、水库、沟渠。

天竺葵蝴蝶
Cacyreus marshalli

啊！瞧瞧这只漂亮的“入侵者”！天竺葵蝴蝶属于灰蝶科，雄性翅展十五至二十三毫米，雌性十八至二十七毫米。如果它未曾停在你伸出的小拇指上，相信我，你最终还是会遇见它，因为它的幼虫一定会占领你的花园，即便是大卫·文森特[ii]也没法阻止。园丁在不知情的情况下，很容易就会把这种蝴蝶的卵跟幼虫同天竺葵一起迁入花园。它的祖籍在非洲南部，往北迁移至欧洲。

栖息地：哪儿有它们的寄主植物，哪儿就有它们的存在。

♀和♂
相同

红腹灰雀 *Pyrrhula pyrrhula*

红腹灰雀身高二十八厘米，重二十六至三十八克，寿命十七年。很长一段时间里，我都没有在花园里见到它们了。它们会像一支火箭一样飞过，不留痕迹，能拍到这张照片实属幸运。可惜的是，这种鸟的数量在下降，原因和许多物种一样，由于栖息地遭到破坏、树林和森林面积缩小，它们的筑巢、觅食之地也随之消失。不仅如此，它们的食物——昆虫、谷物和果蔬等，都因农药的使用而越发减少。

栖息地：树木繁茂之地，如灌木丛、果园、花园、公园。

普通鵟 *Buteo buteo*

普通鵟翼展一百至一百二十九厘米，重六百至一千三百五十克，寿命能达到二十五年。这种鸟能长途飞行，通常迎着风站在电线杆、树桩、枯树等地的顶端等待狩猎。不过在冬天，它们会经常出现在农田里。主要以小型哺乳类动物为食，也吃鸟类、爬行动物、青蛙、昆虫甚至谷物，实在没东西吃的时候也吃腐肉。

栖息地：乡野间的灌木丛、森林、河漫滩、沼泽。

华丽色蟌 *Calopteryx splendens*

华丽色蟌是群居的昆虫，有时群体数量很多。苗条的它们有着耀眼的美貌，在阳光下折射出金属光泽。雌雄很好分辨，雌性是绿色的，翅膀上有深蓝色条纹。雄性吸引雌性时，就像耍杂技一般做出各种高难度动作，有时也会因为做过头而造成溺亡事故。人们容易把它们与阔翅豆娘混淆。

栖息地：开阔的流水。

条纹色蟌
Calopteryx virgo

世界上最大、颜色最深的豆娘。雄性的翅膀泛着蓝色的金属光泽，雌性的翅膀则是棕色、半透明的。喜欢清澈且开阔的水域，有时河面完全被它们和华丽色蟌占领。这两个物种可以共存，偶尔还会交配。

栖息地：附近有茂密树木的水流。

黑田鼠
Microtus agrestis

黑田鼠是乐于社交的小型啮齿动物，充满生命力，昼夜都会活动，而且不冬眠。吃蔬菜、谷物、植物根茎甚至昆虫。它挖的地道很浅，但可能会对花园里的植物造成破坏。更可怕的是，它们的数量会呈爆发式增长，幸好有森林里的狐狸和猫来调控。我的天啊，大自然真是太了不起了！一定程度上，这种小东西就像它们用来嚼着玩的口香糖，尽管我对它们是否真的有助于清新口气表示怀疑。值得一提的是，黑田鼠是运动健将。

栖息地：潮湿的地方、农田、荒野、灌木丛。

栎天牛

Cerambyx scopolii

这种甲虫属于天牛科，雄性的触角远远长于它们的身体。专门破坏稀有且受保护的栎树。幼虫时期的小天牛以树木为食，胃口巨大，对很多树种——无论它们结不结果——都有危害。成虫经常在白天飞来飞去，以山楂、接骨木属、伞形科植物的花粉为食。

栖息地：森林的边缘、林中空地。

鲤鱼 *Cyprinus carpio*

鲤鱼主要靠嘴边的须在水底探寻食物，通过吸吮进行吞食，主要吃虾、植物碎屑、淡水贝类等无脊椎动物。因寺院的养殖而成为一些地区的入侵物种。

栖息地：池塘。

蜘蛱蝶 *Araschnia levana*

这种蛱蝶科的蝴蝶不需要GPS来导航，因为翅膀上有着白色线条和网格图案，就像是自带地图。身形娇小的蜘蛱蝶不超过两厘米，到处都有它们的身影，但它们实在太小，我们很难注意到。一年繁衍两代，分别在五月至六月、七月至八月。神奇的是，这两代的样子完全不同，第一代是丝网状，第二代是直纹状，第二代颜色也比第一代深。这种蝴蝶在白天活动，喜欢待在树木茂盛的地方。然而现在幼虫喜欢的荨麻在除草时都被清理了，再加上农药的普遍使用，它们的栖息地明显减少。

栖息地：林中空地、灌木丛边缘。

生物学词汇

毛虫

毛虫即鳞翅目的幼虫。和十几岁的孩子一样，吃就是它们生活的主题。刚从卵里孵化出来，幼虫就会吃掉它们的卵壳以摄取甲壳素。这一时期，它们得不停地吃东西，直到变成蛹。毛虫可能像八字白眉天蛾那样光滑无毛（见图1），也可能像金凤蝶（见图2）或是豹灯蛾（见图3）那样毛茸茸的，偶尔也会蜇人。

马鹿

Cervus elaphus

这种大型哺乳类反刍动物群居于森林中，在黄昏和夜间一起活动。雄鹿每年都换一次鹿角，它响亮的吼叫声几千米之外都能听到。在发情期，吼叫尤为重要，此时雄鹿会发出独特的叫声来吸引母鹿。

栖息地：森林。

欧鲢
Squalius cephalus

欧鲢身长能达到约三十厘米，以贝类、鱼和青蛙为食。生性多疑，不太会咬鱼饵上钩。这是一种比较常见的群居鱼类，但如果从小就把它们从族群隔离开来，也会变为独居。即将进入交配期时，雄性脑袋和身体的前半部分会长出“青春痘”——白色的突起物，这种“青春期”的烦恼每年都有。产卵期在每年的四月至六月。

栖息地：流水，偶尔在湖中也能看到。

纵纹腹小鸮
Athene noctua

在身形较小的夜行性猛禽中，西红角鸮身高二十一厘米，花头鸺鹠只有十九厘米，我们的纵纹腹小鸮也是其中之一，身高二十六厘米。寿命约九年。在果园或老房子里很容易遇到这种鸟儿，这是它们筑巢的地方。草地上也会有它们的身影，这是它们捕食昆虫、蚯蚓和田鼠的地方。然而筑巢之地因树木被砍、老房子被拆而变少，食物如体形较大的昆虫因农药的使用而锐减，再加上车祸时有发生，纵纹腹小鸮在整个欧洲范围内已经越来越少见了。

栖息地：树木茂盛之地、老房子。

仓鸮
Tyto alba

仓鸮是一种夜行性猛禽，在鸮类中属于中等身材，身高约四十厘米，翼展八十五至九十厘米。谷仓和钟楼是它们的筑巢之地，田野和草地是它们的捕食之地。总是飞得很低，离地面一米半至三米，所以经常和汽车相撞。

如果能找到合适的筑巢地、有足够的食物、逃过所有劫难过完一生的话，它们就能有约十三年的寿命。

栖息地：果园、草地、田野、老旧的谷仓或钟楼。

♀和♂
相同

灰林鸮

Strix aluco

灰林鸮身形强壮，身高三十七至四十三厘米，翼展八十一至九十六厘米。在夜间捕猎，嗅觉比视觉更敏锐，尤其是对它们喜欢的小型哺乳类动物的气味。领地意识很强，不会迁徙，因此年轻的灰林鸮必须找到没有被占领的空地。一般来说，猛禽对环境污染和小型哺乳类动物的减少都非常敏感，灰林鸮也是如此。当猎物稀少时，雌性产子就较少，好让每一只幼鸟都能有足够的食物。它们就是用这种方式，根据食物多寡调节族群数量，从而更好地生存下去。

栖息地：森林、树林、公园，在有老树的地方筑巢。

生物学词汇

蛹

完全变态昆虫在从幼虫变为成虫时，会经历“蛹”这样一个过渡形态，时间相对较长。这一时期，它有着起保护作用的坚硬外壳，这与包裹幼虫的茧不同。看看右图孔雀蝶的蛹，我们已经可以分辨出未来成虫的翅膀、眼睛和触角了。

钩粉蝶 *Gonepteryx rhamni*

钩粉蝶总是一副不慌不忙的样子，而且寿命很长，成虫阶段大约有一年。最神奇的是，这种蝴蝶的血液里有类似防冻剂的物质，正是这一物质帮助它们度过寒冬！钩粉蝶的翅膀展开时，翅展四十至四十五毫米。闭合时看起来就像一片树叶，从而能躲避潜在的捕食者。要是不小心被捉住，它们就马上装死，巧妙地迷惑捕食者。幼虫以鼠李科植物为食，成虫在每年六月至十一月活跃。当来年五月的第一缕阳光照耀大地时，它们便再次登场了。

栖息地：花朵盛开的草地、花园、树林边缘。

♂

潮虫 *Oniscidea*

潮虫是唯一完全陆生的甲壳类动物，受到威胁时，它们会像刺猬一样卷成一团，只将背部坚硬的甲壳留在外面。夜行性动物，白天会为了躲避亮光而藏在枯树、落叶下或者土壤、裂缝中，以腐烂的植物为食，从而为生态系统循环做出了贡献。土壤中的污染物会在它们的器官中蓄积，所以潮虫也堪称天生的生物蓄污器。这种小虫子还有一个特别之处——用"鳃"呼吸，通过一层薄膜的开合来换气。寿命两至三年。

栖息地：落叶林、洞穴、石头下。

瓢虫 *Coccinellidae*

瓢虫的成长要历经四个阶段：卵、幼虫、蛹和成虫。在两至三个月的一生中，它们可以产下数以千计的幼虫。成虫的颜色独特而鲜艳，这是为了警告潜在的捕食者："我有毒，而且很难吃！"也就是所谓的警戒色。瓢虫真是园丁的好朋友，因为它们的幼虫能吃掉大量的蚜虫，这可比用杀虫剂环保多了。早在二十世纪初，为了控制蚜虫，欧洲引进了它们的亚洲近亲——异色瓢虫，并从二十世纪八十年代开始大规模进口。如今，这种外来品种几乎取代了当地品种。

生物学词汇

茧

一些昆虫的幼虫会分泌出丝或其他混合物质，形成一个用来保护自己的外壳，这就是茧。

钩额螽

Ruspolia nitidula

和蟋蟀、蚱蜢、蝗虫一样，钩额螽属于直翅目。它们有着圆锥形脑袋，还有多种颜色，下图中这只显得很鲜亮。夜行性昆虫，在白天呼呼大睡。成虫在七月至十月活跃，会优雅而笔直地待在枝干或树叶上，以小型昆虫和植物为食。

栖息地：潮湿或干燥的草地、植物高处。

弓蜻
Cordulia aenea

♂

这种泛着绿色金属光泽的蜻蜓身长四十七至五十五毫米。在每天的清晨与黄昏活动，非常活跃，不是在河面上不停地兜兜转转，就是在附近的植物丛中捕猎，很少在水边停下，充满了神秘感，而且领地意识很强。雌性比雄性更谨慎，独自产卵，在这期间会用身体的第十节舞蹈般地轻点水面。

栖息地：池塘、沼泽等静水。

烁划蝽 *Sigara lateralis*

烁划蝽是水性极好的小型水生昆虫。在下图中，年少时的它捉住了另外一种叫作水蝉的同类，这个场面转瞬即逝。它们不停地吃着比它们身形更小的动物：水生昆虫的幼虫、蝌蚪、小鱼……这些小动物只要遇到它们，就没有丝毫逃脱的机会。神奇的是，烁划蝽能制造气泡来储存空气，以此在水下呼吸，但也得时不时到水面上换气。

栖息地：池塘、轻缓的流水。

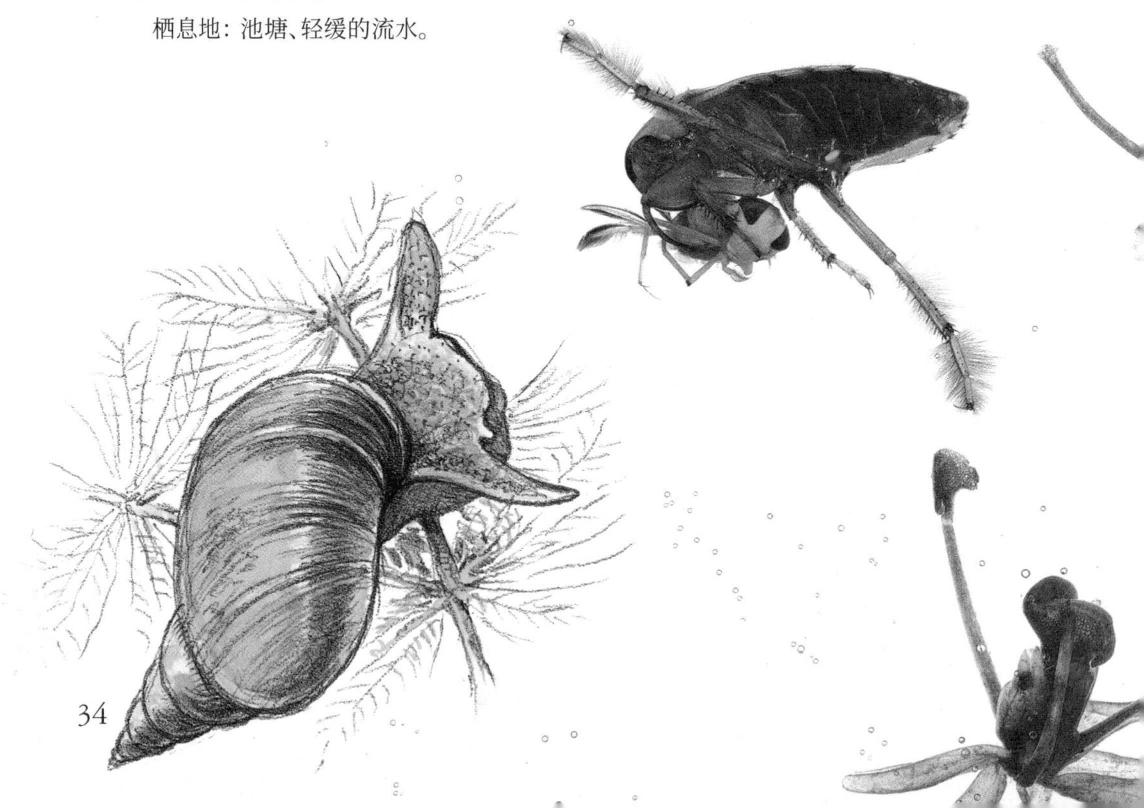

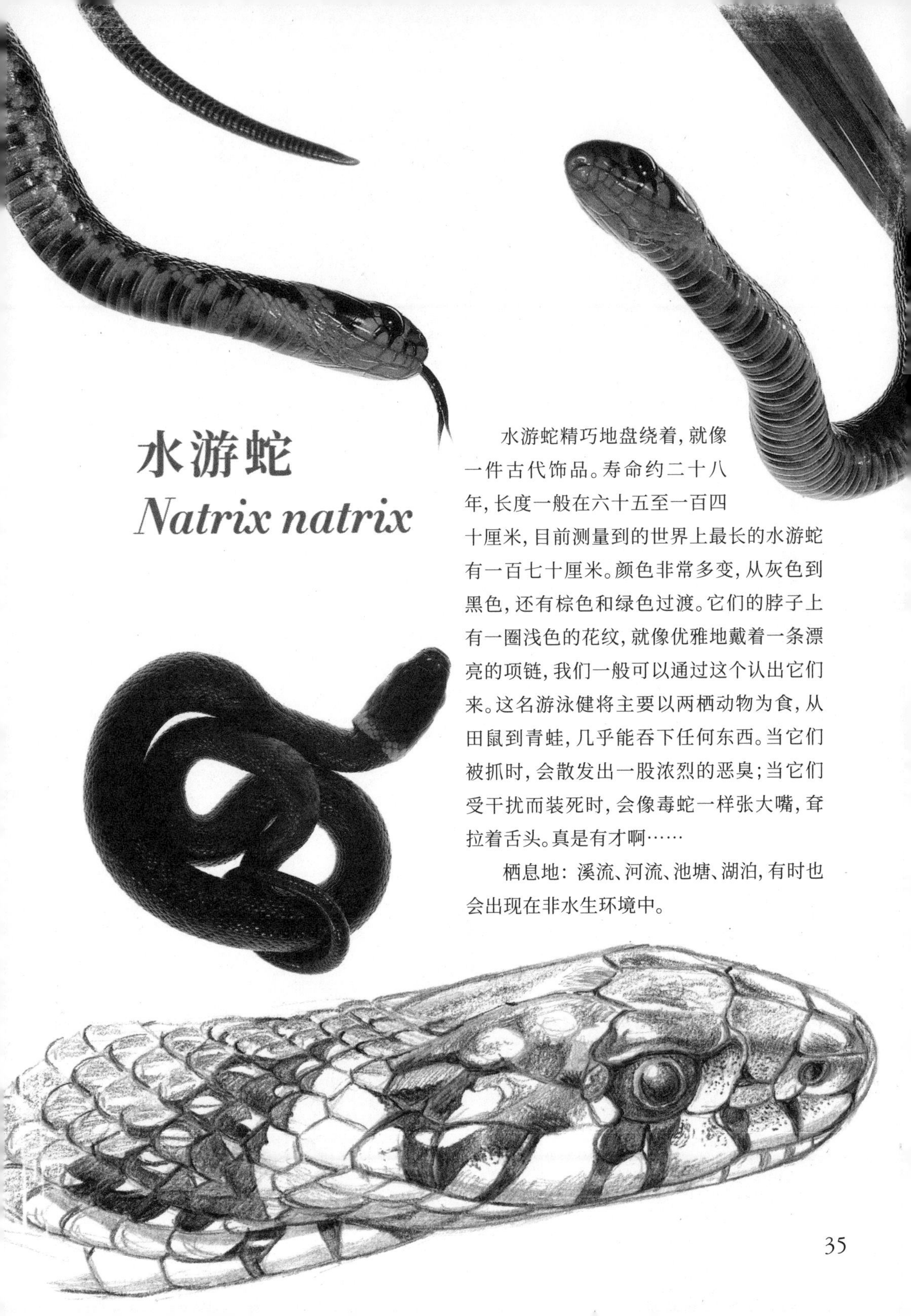

水游蛇
Natrix natrix

水游蛇精巧地盘绕着，就像一件古代饰品。寿命约二十八年，长度一般在六十五至一百四十厘米，目前测量到的世界上最长的水游蛇有一百七十厘米。颜色非常多变，从灰色到黑色，还有棕色和绿色过渡。它们的脖子上有一圈浅色的花纹，就像优雅地戴着一条漂亮的项链，我们一般可以通过这个认出它们来。这名游泳健将主要以两栖动物为食，从田鼠到青蛙，几乎能吞下任何东西。当它们被抓时，会散发出一股浓烈的恶臭；当它们受干扰而装死时，会像毒蛇一样张大嘴，耷拉着舌头。真是有才啊……

栖息地：溪流、河流、池塘、湖泊，有时也会出现在非水生环境中。

蝼蛄 *Gryllotalpa gryllotalpa*

蝼蛄是直翅目的夜行性穴居动物，一般身长四至五厘米，最大的能达到十厘米。它们可不是园丁的朋友，强有力的腿能开掘隧道，四处穿行时还会弄坏植物根茎。不过对戴胜来说，它们是不可多得的美餐。这种奇特的小虫子也出现在其他鸟类甚至老鼠和狐狸的菜单上。在亚洲，油炸蝼蛄是一道美味。而它们自己呢，主要吃昆虫的幼虫，尤其是甲虫和蚯蚓。

栖息地：花园、苗圃、草地。

沼泽大蚊 *Tipula oleracea*

这种蚊子属于双翅目。有着奇特的长相，就像是从蒂姆·伯顿的电影里跑出来的。如果不是那么容易掉的话，它们脑袋的造型真是完美。如果被抓，它们的腿很容易从身体上断下。大部分时间，它们都待在植物上，双翼张开，靠长腿支撑着身体。

栖息地：湿草甸。

大蟾蜍 *Bufo bufo*

大蟾蜍可能未来会变成王子，只是长了一身疙瘩……这些疙瘩是大蟾蜍的耳后腺和皮肤腺，它们分泌的毒液是对付捕食者的法宝，也是防腐剂和抗生素。还有一个好处，它们能帮助大蟾蜍顺利度过寒冬，迎接即将到来的恋爱季。主要吃昆虫和小型无脊椎动物。

栖息地：随处可见。

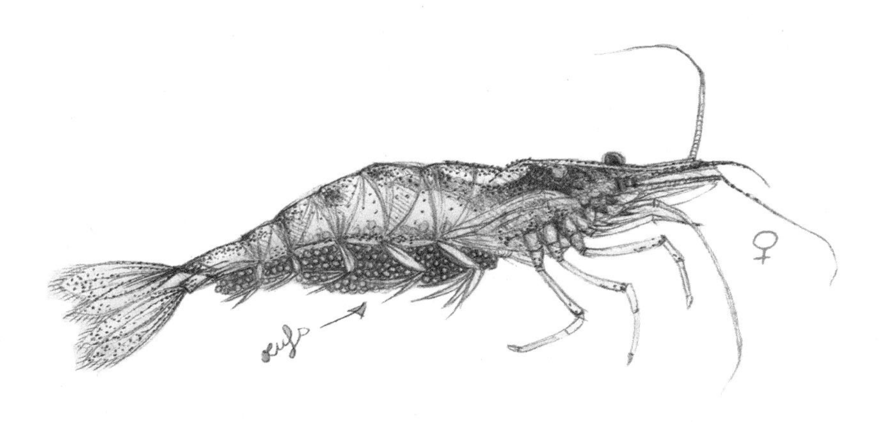

淡水虾 *Atyaephyra desmaresti*

生性滑稽的淡水虾属于十足目，身长约三十毫米，在成长过程中会更换整个外壳。碎屑食性动物，背部边缘有十个大大小小的颚，眼窝后面也有两个，这些相当于它们的牙齿。它们需要大量的氧气，还必须保证水质优良。

值得一提的是，在比利时漫画家埃尔热创作的《丁丁历险记》里有许多动植物的名字，其中就有淡水虾，它会和著名的阿道克船长一起对付敌人。

栖息地：氧气充足的流水。

大型沼泽蝗虫
Stethophyma grossum

大型沼泽蝗虫广布世界各地，尽管它们因栖息地持续减少而数量锐减，我们依然能在河流或湖泊附近的草地上见到它们。雌性身长能达到四厘米，身上略带红色。绝非编造，它们迁往世界各地的过程会持续五至六天，在途中因衰竭而死的事件时有发生。也正因为如此，它们被称作“血腥蝗虫”。

栖息地：潮湿的地方，如湿草甸、沼泽、河边植物。

橙灰蝶

Lycaena dispar

橙灰蝶同样属于灰蝶科下的灰蝶亚科，很容易与雄性红灰蝶混淆。我非常喜欢灰蝶科的蝴蝶，这一科在法国有六十多个不同的种。橙灰蝶在每年六月至七月活跃，喜欢群居在潮湿的沼泽地带，寄主植物是酢浆草。由于栖息地减少，它们的生存也受到了威胁。

栖息地：沼泽。

♀

红灰蝶

Lycaena phlaeas

这种蝴蝶属于灰蝶科下的灰蝶亚科，雌性和雄性外表差别很大。在三月至十一月活跃，喜欢草地和荒野，也会在一些荒废的花园中觅食。寄主植物有酢浆草，尤其喜欢虎杖。一年繁衍两代，以幼虫形态过冬。

栖息地：开阔的地方，几乎无处不在。

♀

酷灰蝶 *Cyaniris semiargus*

灰蝶科的又一位成员！不得不说，灰蝶科真是个庞大的家族，在全世界有五千多种。可以想象一下，如果你有这样一个家族，需要多少钱才能喂饱它们！好在酷灰蝶的食量很小，幼虫吃三叶草等豆科植物。

栖息地：草地、潮湿的灌木丛、长有寄主植物的地方。

灌木蟋蟀 *Pholidoptera griseoaptera*

灌木蟋蟀喜欢在白天一边晒日光浴一边唱歌，尤其下午，有时晚上也轻轻唱着。简而言之，它们一天到晚唱个不停……左前翅长有刮器，相当于琴弓；右前翅长有音锉，相当于琴弦，两者相互摩擦就能发出声音，另一种用同样方法发声的典型昆虫是螽斯。唱歌与求爱有关，雄性用歌声来吸引雌性，这是个老生常谈的故事了，全世界都在发生。交配后，雌性用它们那长达一厘米的产卵器在朽木上产卵。当我们和这种南方昆虫成为邻居时，除了爱上它们，别无他法！

栖息地：树篱、林中空地、路边、灌木丛。

加勒白眼蝶
Melanargia galathea

加勒白眼蝶在六月至八月活跃，一年繁衍一代。雄性往往大胆地征服从草丛中现身的雌性，在高高的植物上方疯狂追逐。再说说雌性，它们就像一架轰炸机，急促地在禾本科植物间一边飞舞一边产卵，因为即将孵化的幼虫将以这些植物为食。

栖息地：植物丛，成虫喜欢矢车菊。

生物学词汇

滞育

滞育，指昆虫进入不发育、减缓代谢的状态，通常由外部环境引发，比如寒冷、光照不足、食物稀缺等。

齿恭夜蛾
Euclidia glyphica

夜蛾科的齿恭夜蛾相当低调，尤其是从身形来说，翅展只有二十五至三十毫米。雌性和雄性外表很像，一年繁衍两代。幼虫主要生活在豆科植物上，成虫分别在每年的四月底至七月初、七月底至八月底最为活跃。

栖息地：草地。

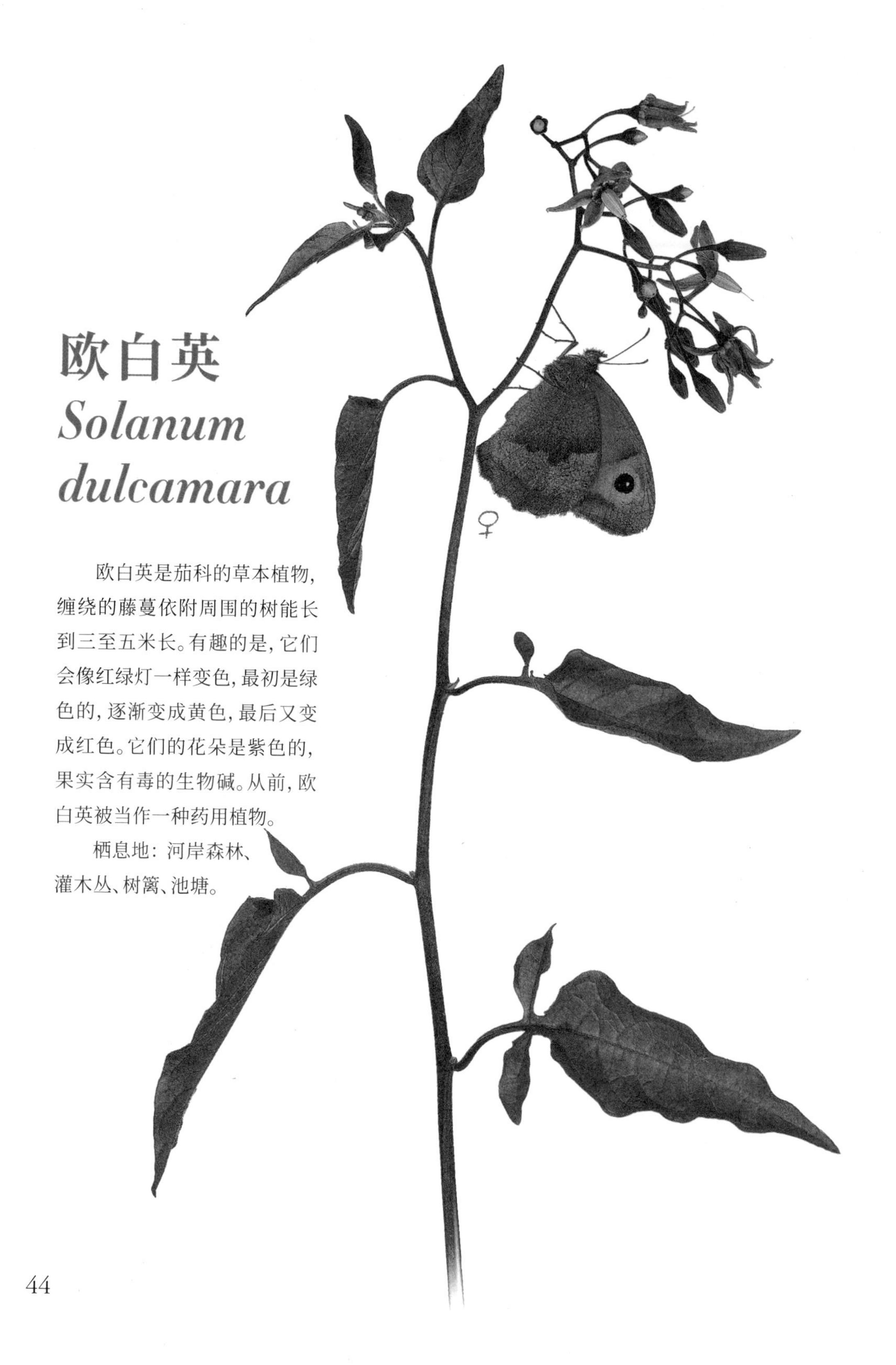

欧白英
Solanum dulcamara

欧白英是茄科的草本植物，缠绕的藤蔓依附周围的树能长到三至五米长。有趣的是，它们会像红绿灯一样变色，最初是绿色的，逐渐变成黄色，最后又变成红色。它们的花朵是紫色的，果实含有毒的生物碱。从前，欧白英被当作一种药用植物。

栖息地：河岸森林、灌木丛、树篱、池塘。

龙虱 *Cybister lateralimarginalis*

龙虱是一种水生昆虫，布满长毛的后足帮助它们快速游动，成虫还会飞。它们的呼吸方式很特别，必须浮上水面换气，然后在鞘翅下、腹部间形成一个气泡，以此在水下呼吸。幼虫和成虫都吃肉，被幼虫叮咬是一件非常痛苦的事，至于成虫，后足上的刺如玻璃般锋利。总之，建议你远离它们！

栖息地：河岸森林、灌木丛、池塘、湖泊。

欧洲大龙虱 *Dytiscus marginalis*

欧洲最大的龙虱之一，因为个头大，能吃鱼苗、蝌蚪和有尾目的幼体。幼虫和成虫都吃肉，后者会在夜间飞舞。一天晚上，我在灌木树篱下发现一只雄性欧洲大龙虱。雄性非常好辨认，因为它们的前足上有一个圆形吸盘，这个吸盘能使它们在交配时紧紧依附在雌性背上。对！又是一段相互吸引的爱情。从这个角度看，它们就像是从吕克·贝松的电影里走出来的一样……观察昆虫总让人觉得电影里的科幻世界触手可及。

栖息地：池塘、湖泊。

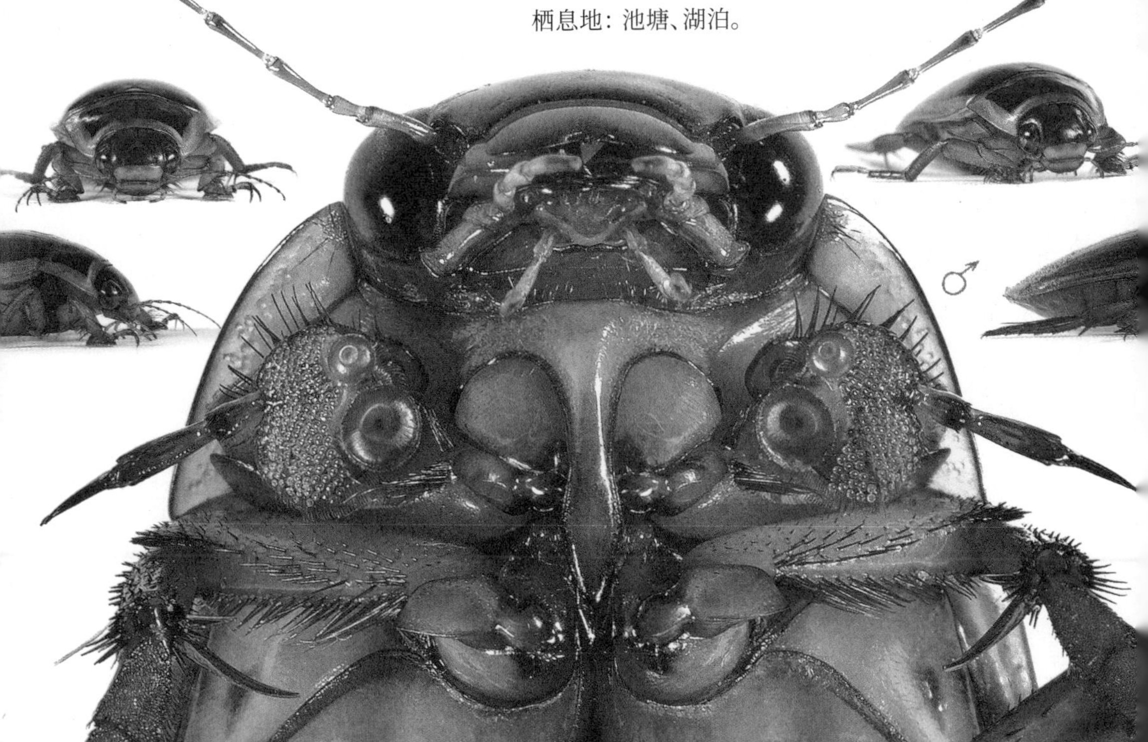

生物学词汇

水

从湖泊、池塘、河流到小溪、水塘、水坑……再小的水域都充满生命，所有我们已知的生物都依赖水而生存。开天辟地以来，人类就对水充满敬意。然而今天，它成了消费和投机的对象。回想一下过去几十年间大型集团对水资源的持续开发，饮用水的获取、分配和质量保证都与自然环境息息相关。除了资源的不合理开发，还有污染问题。扔向溪流、江河的一切最终都会汇入大海，地面上的污秽全部聚集在水中。目前，世界上有不少地方的水源都已被污染，污染物质有几种不同的类型，如碳氢化合物、硝酸盐、多氯联苯、重金属、农药、药物残留等。它们已经存在于水流中，正在危害生态系统和生物。

泽西虎蛾 *Euplagia quadripunctaria*

泽西虎蛾是灯蛾科的夜行性昆虫。优雅而谨慎，翅膀闭合时非常不容易被发现。每年七月初至九月底，它们扑扇着斑驳的翅膀夜以继日地飞舞。一年繁衍一代，幼虫以荨麻、野芝麻、柳叶菜、鼠尾草，以及悬钩子属植物为食。泽西虎蛾在欧洲非常受重视，栖息地被列入欧洲优先保护名录。

栖息地：林地、灌木丛。

豹灯蛾 *Arctia caja*

泽西虎蛾的近亲，这种夜行性飞蛾在白天很难遇到，而且它们在不动的状态下能完全隐没在自然中。幼虫[iii]身披尖刺，成虫则换上了一件豹纹大衣，展开翅膀时呈现出耀眼的橙红色。尤其是在威慑捕食者时，这种颜色传达的信息很明确："看到了吗？我是有毒的。吃了我就算不中毒，味道也很糟糕。"幼虫几乎什么树叶都吃，从落叶乔木到灌木，丝毫不挑食。我们能经常看到化蛹前的幼虫在路上到处爬，它们这是在为自己找一个羽化的好地方。

栖息地：绿植、矮树林。

利莫斯螯虾
Orconectes limosus

利莫斯螯虾身长十二厘米，寿命四年。从第一年开始，每年都能繁殖好几次，每次产卵一百至二百枚。主要吃植物、生物碎屑、无脊椎动物的活体和尸体，还有像鲦鱼、刺鱼这样的小鱼。和所有虾类一样，它们会倒着游，有着起保护作用的坚硬外壳，看来钢铁侠离我们并不远啊！这一物种在十九世纪时被引入法国，目前在那里极为常见。数量如此之多是因为它们能存活于水质较差、温差变化大的水域中，还携带会危害其他虾类的瘟疫真菌。

栖息地：溪流、河道、池塘、湖泊。

软尾太平洋螯虾
Pacifastacus leniusculus

软尾太平洋螯虾身长十八厘米，主要在夜间进食，年幼时喜欢水生无脊椎动物，成年时是像拾荒者一样的碎屑食性动物，吃大量的植物碎屑。这一物种在二十世纪七十年代被引入法国，悄悄地繁殖并进入流水。同样携带会危害其他虾类的瘟疫真菌，是本土螯虾强有力的竞争对手。法国境内原本有三种本土螯虾，现在都已濒临消失。

栖息地：溪流、河道、池塘、湖泊。

松鼠

Sciurus vulgaris

不算尾巴的话，这个小小的哺乳类啮齿动物身长十八至二十五厘米。它们主要生活在树上，不冬眠。除了热爱的榛子，还吃橡子等其他坚果、树木种子、树皮、植物嫩芽、昆虫、鸟蛋，甚至仍在巢里的幼鸟。白天四处贮藏食物，但又常常忘记藏在哪儿了，这就是它们参与植树的方式。同样的道理，它们还传播了大量地下真菌孢子，松露就是其中之一。

栖息地：森林。

生物学词汇

羽化

昆虫的羽化常常被误认为出生，其实这是成虫脱出蛹壳的过程。成虫刚完成羽化时非常脆弱，因为此时翅膀依然太软太湿，还不能飞。

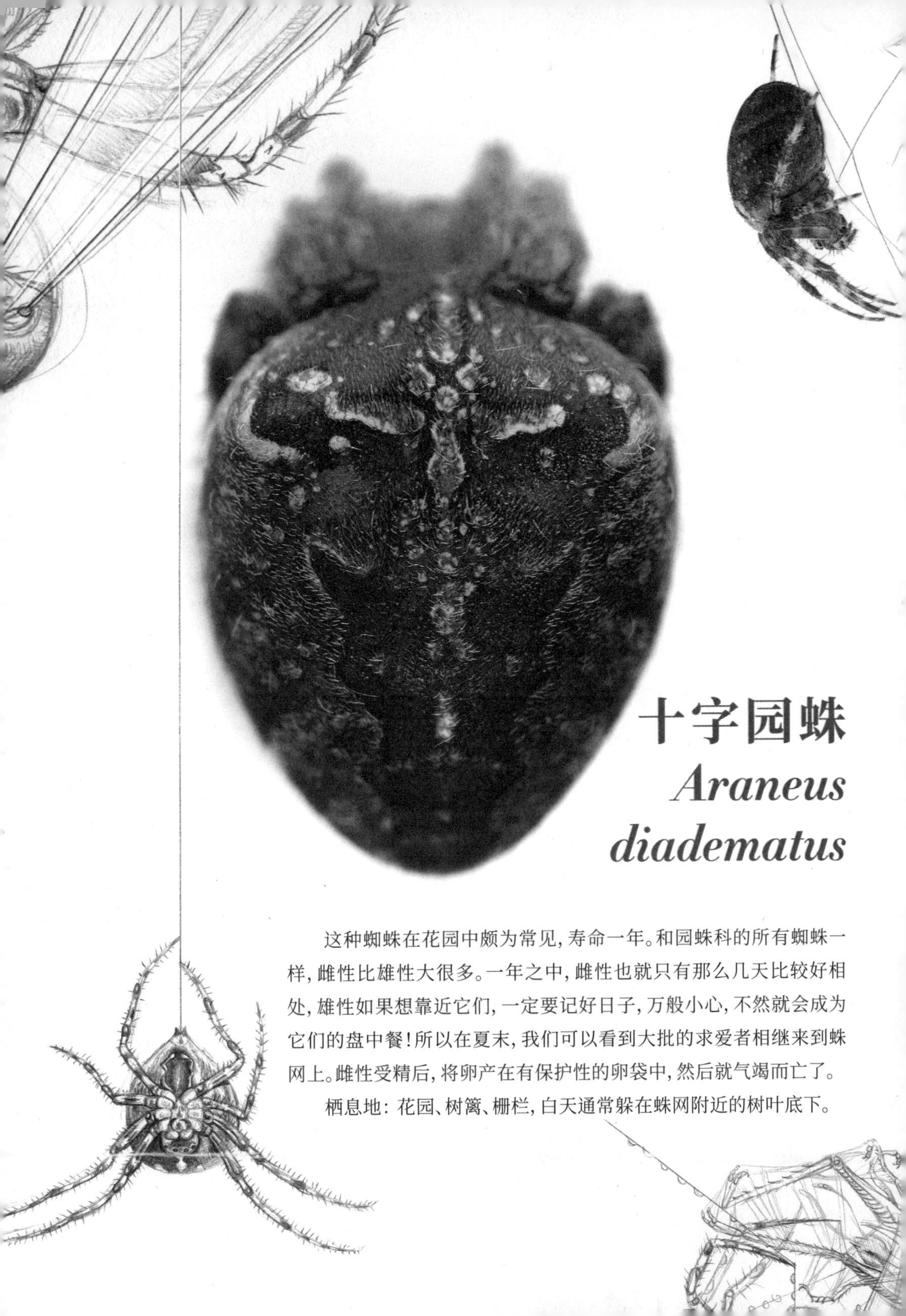

十字园蛛
Araneus diadematus

这种蜘蛛在花园中颇为常见，寿命一年。和园蛛科的所有蜘蛛一样，雌性比雄性大很多。一年之中，雌性也就只有那么几天比较好相处，雄性如果想靠近它们，一定要记好日子，万般小心，不然就会成为它们的盘中餐！所以在夏末，我们可以看到大批的求爱者相继来到蛛网上。雌性受精后，将卵产在有保护性的卵袋中，然后就气竭而亡了。

栖息地：花园、树篱、栅栏，白天通常躲在蛛网附近的树叶底下。

未成年

雀鹰
Accipiter nisus

这种长着大翅膀的小鹰寿命约十六年。成年的雄性身高二十九至三十四厘米，翼展五十九至六十四厘米。雌性更大一些，身高三十五至四十一厘米，翼展六十七至八十厘米。在六至十二米高的树上筑巢，捕食时会飞向低矮的树木吓唬麻雀。和很多物种一样深受农药之苦。

栖息地：针叶林、混交林，甚至会在城市的花园中狩猎。

蜉蝣
Ephemera danica

不算尾巴的话，较大的蜉蝣身长三至四厘米。在田野间蜿蜒的细流上方数量众多。我还是小心地闭上嘴吧，不然可能会把它们吞进肚子。尽管这情况很罕见，但也真实发生过……能看到这么多蜉蝣表明环境还不错，因为蜉蝣的幼虫对水源质量要求非常高。如果说它们仅有几天的成虫生活过于短暂，那么好在幼虫能活三年，其间蜕皮二十至三十次。渔民们深知鱼类喜欢这种小虫子，所以经常模仿它们的样子制作鱼饵。一些鸟类、两栖动物、蝙蝠也很喜欢它们。

栖息地：干净的淡水。

森林葱蜗牛

Cepaea nemoralis

森林葱蜗牛的壳直径二十五毫米，由淡黄色渐变至橙色，有一至五圈黑色或棕色的条纹，边缘是棕黑色的。毫无疑问，它们是很棒的建筑师，覆盖着大多数壳内器官的外套膜能分泌出一种非常纯粹的碳酸钙矿物——方解石，以此来修复破损的外壳，很神奇吧？森林葱蜗牛的眼睛长在触角顶端，眼睛下面是嗅觉器官。雌雄同体，为了生存所需，它们的身体像海绵一样吸收水分，含水量约百分之八十。尽管是水做的，可它们不会游泳，也无法在水下呼吸，但喜欢潮湿之地，能在水下玩上几个小时而不被淹死。像许多蝴蝶的幼虫一样，它们喜欢荨麻。

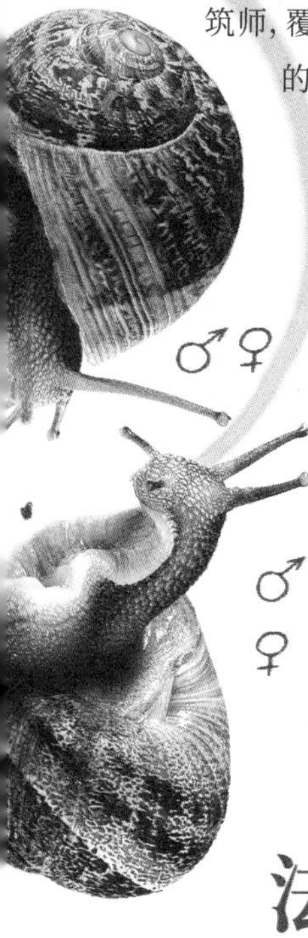

栖息地：田野、树篱、公园、灌木丛、森林、堤坝、花园。

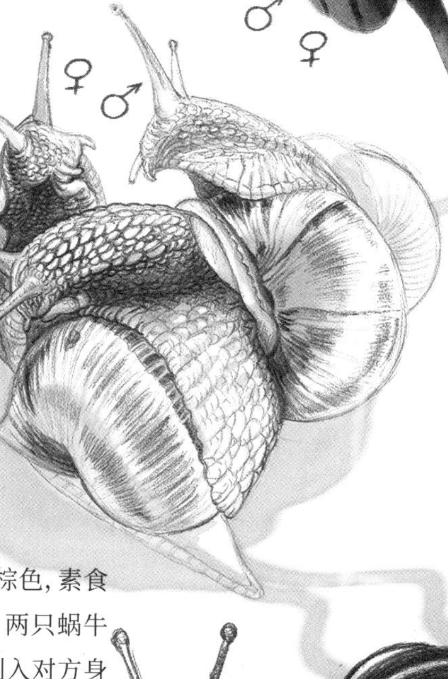

♂♀ ♂ ♀ ♀ ♂ ♂ ♀

法国大蜗牛

Helix pomatia

法国大蜗牛的壳直径五十毫米，由米色渐变至棕色，素食主义者。生物中的奇迹就在于，这种蜗牛雌雄同体，两只蜗牛相互交换精子就能繁殖。交配时，它俩放出的“箭”刺入对方身体，然后存在于自身体内的卵子就能受精。这种交配有时能达到十五小时！一定是因为这样，蜗牛才有很多黏液……

栖息地：阔叶林、堤坝、花园。

盲蛛
Phalangium opilio

当生活不如意时，做盲蛛好还是做落魄之人好？答案很明确，要知道这种蛛形纲的小生物很少过得顺心！如果天花板上有一只盲蛛就让你惊慌失措，那我们的盲蛛朋友更惨，总是“缺胳膊少腿”，所以我们会经常看到残缺的它们……这个肉食性动物喜欢吃昆虫和小型动物的尸体。白天在墙上或树上修身养性，夜晚出来活动。如果好好观察它们，你就会相信它们是从科幻电影或赫伯特·乔治·威尔斯的科幻小说《星际战争》中走出来的。

栖息地：在潮湿的地方到处都有。

潘非珍眼蝶
Coenonympha pamphilus

潘非珍眼蝶属于蛱蝶科下的眼蝶亚科。这种小蝴蝶的翅膀就像一幅精美画作，底色是赭石色和浅栗色，点缀着精致的眼状斑纹。一年繁衍多代，以幼虫形态过冬，成虫在二月至十一月活跃，非常多见。

栖息地：草地和荒野。

李褐枯叶蛾
Gastropacha quercifolia

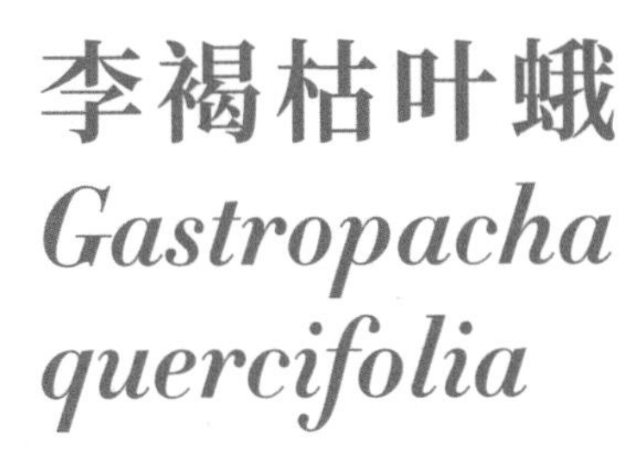

李褐枯叶蛾是枯叶蛾科的夜行性昆虫，较大的雌性翅展能达到十厘米。一年繁衍两代。以幼虫形态过冬，我们能在橡树、柳树等阔叶树和各种果树上看到它们。成虫在每年六月至八月活跃，它们还给我们上了一堂模仿课，完美展现"不被看见就不会被捉住"！如果它们不动，我们根本不可能发现它们的存在。

栖息地：阔叶林、公园、果园。

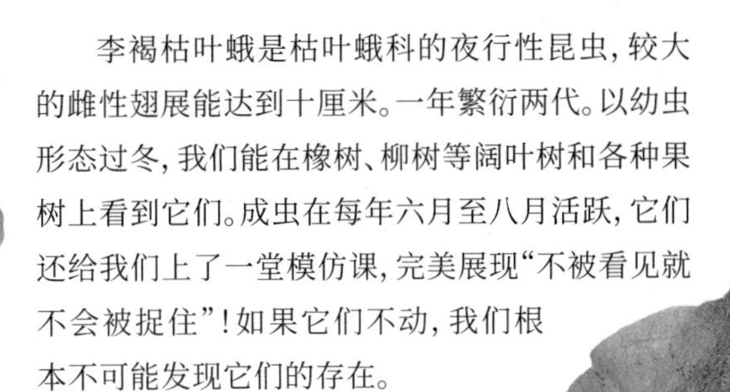

白眉黑尺蛾

Odezia atrata

这种尺蛾科的小昆虫身披镶有白边的黑色外衣，还泛着蓝色光泽。它们不怕冷，主要在每年五月至七月活跃。昼夜都会出来活动，敏捷而低调，喜欢阴凉的树荫，也喜欢洒满阳光的草地。幼虫以伞形科植物为食。

栖息地：森林、河边、草地、原野等绿意盎然之地。

蕨类植物的生命循环

蕨类植物由根茎长出几片单叶或复叶，不开花。会释放许多孢子，其中有部分能成功发芽，刚长出的叶子是卷曲的。

栖息地：森林、原野。

庆网蛱蝶
Melitaea cinxia

庆网蛱蝶是蛱蝶亚科的代表。一年繁衍两代，以幼虫形态过冬，吃各种车前属植物，成虫在每年五月至六月及八月至九月活跃。和几乎所有的蝴蝶一样，庆网蛱蝶的数量也在减少。原因是生境破碎化[iv]，以及广泛使用农药致使水源、空气和土壤受污染。

栖息地：花朵盛开的草地。

野燕麦
Avena fatua

我听到你们在议论野燕麦："哦！别说了，真是一种讨厌的植物！"但你们也要认识到，它们也是一种非常漂亮的禾本科植物！

栖息地：农田、未开垦之地。

野草莓 *Fragaria vesca*

一起去林中摘野草莓吧！不管多重，多多益善。野草莓很好吃，味道浓郁。它们会抽生出很多匍匐茎，从而能够四处生长。

栖息地：树下。

钩虾

Gammarus roeselii

这种群居的小型甲壳类动物只生活在富含钙质、非常干净的淡水里，是很好的水质检测指示物种。它们的身体通过不断的运动来过滤水，这使得它们的鳃始终能与水接触。获取氧气后，由血液中含铜的呼吸色素——血蓝蛋白进行运输，氧气与血蓝蛋白结合时呈蓝绿色。钩虾身长十几毫米，体形更小的蚤目是它们的近亲。微微透明的身体呈棕色，有时被误认成淡水虾。眼神温柔，就像人们在谈论工作时需要展现的那样，视线范围很广。主要吃动植物碎屑、无脊椎动物的幼体、小型动物，同时也是很多其他水生动物的食物。

栖息地：农田、未开垦之地。

山楂粉蝶
Aporia crataegi

一种非常优雅的粉蝶科蝴蝶，像是由玻璃雕刻出来的，然后用笔墨在上面勾勒出细细的线条。雌性的翅膀比雄性的更加透明，当雄性出现时，它们就欢乐而急切地约会。随后，雌性在幼虫的寄主植物——山楂叶上产卵。以幼虫形态过冬。

栖息地：树林边缘、森林小径、林中空地、潮湿的树林。

松鸦 *Garrulus glandarius*

松鸦尽管颜色醒目，但还是非常低调。也许出于好玩或为了警告别人，这种鸦科的鸟儿会模仿其他物种，尤其是鹭。有机会的话，也会捕食其他鸟类、鸟蛋和昆虫。它们的喙下有一个小口袋，装着采集到的种子。会像松鼠一样四处囤粮，用以度过冬天和春天。值得一提的是，它们有非常好的记忆力，也在囤粮地留下小石子作为标记。尽管如此，它们能吃掉一些存粮，但还是会忘记一些，因此成为植树造林的好帮手，松鸦的名字也是这么来的。

栖息地：树林、园林、花园、公园。

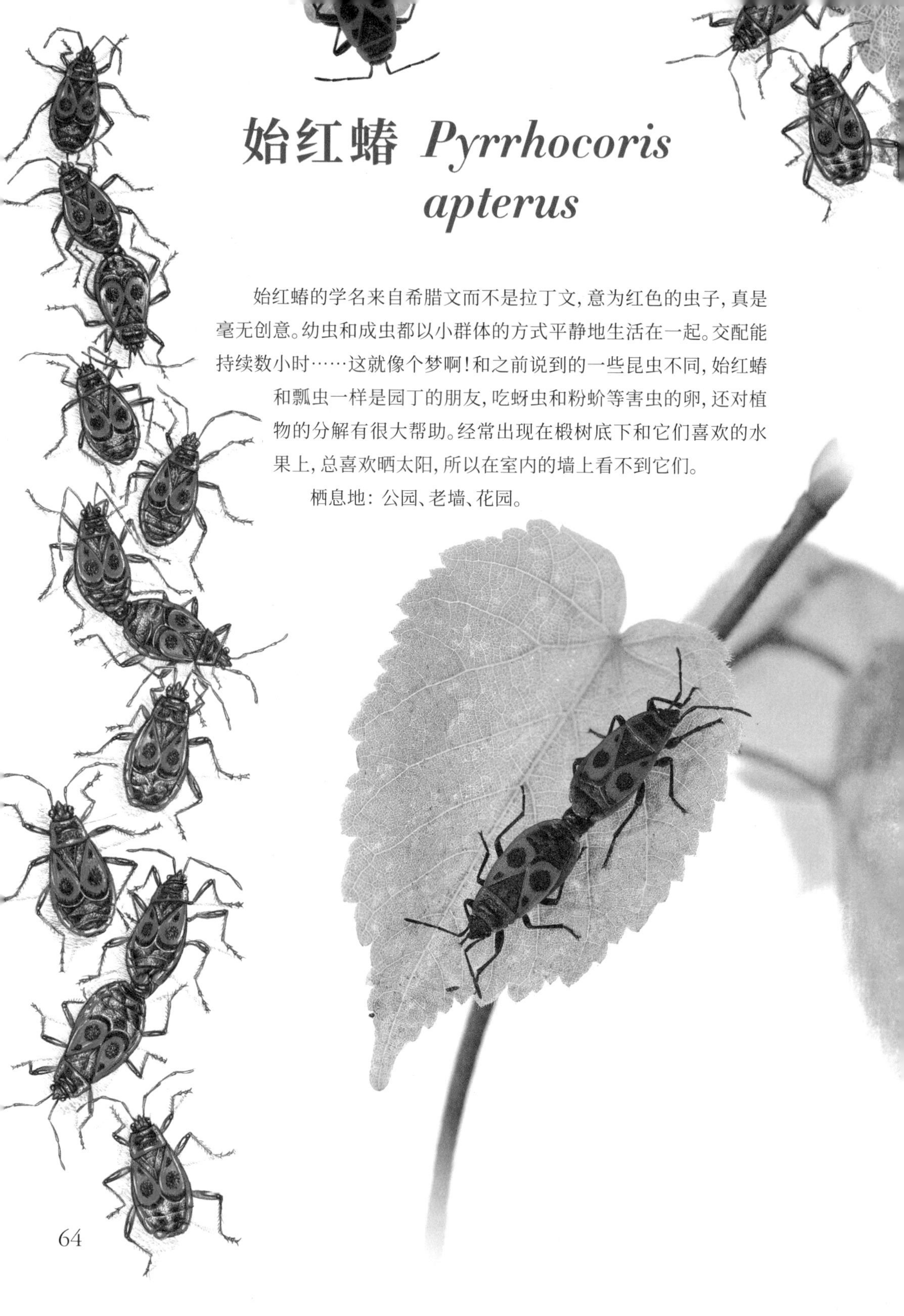

始红蝽 *Pyrrhocoris apterus*

始红蝽的学名来自希腊文而不是拉丁文，意为红色的虫子，真是毫无创意。幼虫和成虫都以小群体的方式平静地生活在一起。交配能持续数小时……这就像个梦啊！和之前说到的一些昆虫不同，始红蝽和瓢虫一样是园丁的朋友，吃蚜虫和粉蚧等害虫的卵，还对植物的分解有很大帮助。经常出现在椴树底下和它们喜欢的水果上，总喜欢晒太阳，所以在室内的墙上看不到它们。

栖息地：公园、老墙、花园。

深裂老鹳草
Geranium dissectum

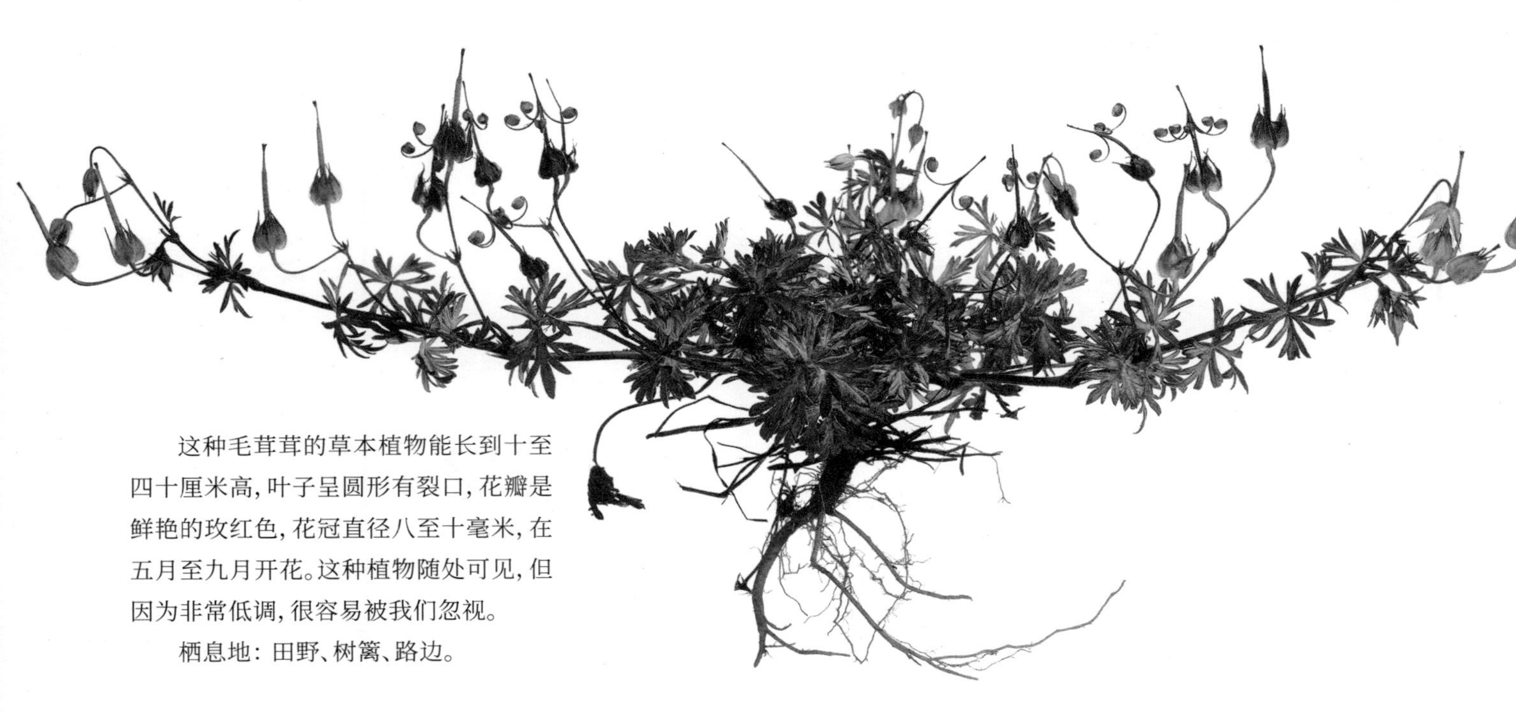

这种毛茸茸的草本植物能长到十至四十厘米高，叶子呈圆形有裂口，花瓣是鲜艳的玫红色，花冠直径八至十毫米，在五月至九月开花。这种植物随处可见，但因为非常低调，很容易被我们忽视。

栖息地：田野、树篱、路边。

纤细老鹳草

Geranium robertianum

这种植物与它们的近亲深裂老鹳草一样毛茸茸的，不过它们更大一些，能长到二十至五十厘米高，在每年五月至九月开花。和所有牻牛儿苗科植物一样，它们有一套征服新领土的战略：天热以后，果实里的五粒种子被柱状的“弹弓”射到地上，各自生长。

栖息地：古老的墙壁、路边、树篱和林地。

柔毛牻牛儿苗

Geranium molle

同样毛茸茸的小型草本植物，能长到十至三十厘米高，在每年四月至九月开花，气味有点像墨汁。

栖息地：路边、花园、田野。

球马陆

Glomeris marginata

这种多足纲动物长得很像潮虫，身披富有光泽的棕黑色甲壳。作为素食主义者，它们会把土壤里的植物碎屑翻出来吃掉，对分解森林中的腐殖质很有帮助。它们有自己的小个性，当碰到威胁时，就会像刺猬一样把自己卷成一个球。

栖息地：潮湿的阔叶林、石头下、树根下。

春蜓

Gomphus vulgatissimus

这种春蜓科的蜻蜓非常常见。身长四十五至五十毫米，与同类相比最为健壮，颜色最深，体形较大。雄性是绿色的，雌性是黄色的，腿都是黑色的。它们毫不胆怯，好像我不存在似的径直飞来，停在我眼皮底下高高的植物上。我唰唰两下把它们装进盒子里，拍下了这张独特的照片。当然，蜻蜓在自然中要比在盒子里自在。

栖息地：有沙质水底的缓流。

鮈鱼

Gobio gobio

这种身长十五厘米的小鱼群居在浅滩中。作为一个采掘者，它们会用两条须在水底探寻昆虫的幼虫、小型贝类、植物碎屑、钩虾等小型甲壳类动物。在每年的五月至六月产卵，一次大约能产两千枚，曾经数量众多。这种小鱼对污染非常敏感，是极为出色的水质检测指示物种。

栖息地：喜欢清澈的、有淤泥或沙质水底的水流以及无污染的湖。

朱砂蛾

Tyria jacobaeae

这种灯蛾科的飞蛾昼夜都活动，几乎只在千里光这一寄主植物上产卵。千里光含有毒的生物碱，对人类来说同样有毒。成虫身上的红色是在警告潜在的捕食者："吃我会有危险。"

栖息地：林中空地、沙地。

雕鸮 *Bubo bubo*

欧洲最大的夜行性猛禽，身高七十五厘米，翼展一百六十至一百八十厘米，飞行时没有一点儿声音。它们的猎物很多，小到昆虫、蛇、蜥蜴等两栖动物、田鼠，大到黄鼠狼、狐狸、小鹿等，还吃其他鸟类。寿命能达到二十一年，对人类的存在非常敏感，生存状态相当脆弱。

栖息地：悬崖、陡坡上的树林。

孔雀天蚕蛾

Saturnia pyri

孔雀天蚕蛾因翅膀上与孔雀羽毛相像的眼状斑纹而得名。欧洲最大的飞蛾，雄性翅展十至二十厘米。幼虫也相当大，有着长长的毛和随着成长而变色的环节，真让人叹为观止。寄主植物是果树和林木。冬天成蛹，倒置在一个很结实的丝质茧里，这样既能防止捕食者侵入，羽化时也更容易破蛹而出。与一些在夜间活动的飞蛾一样，成虫的口器形同虚设，所以从来不吃东西。这个时期只有一周左右，几乎全部精力都用在交配上。雄性通过灵敏的触角，在五千米之外都能捕捉到雌性分泌的信息素。一旦交配，信息素便停止分泌。很明确，它们知道如何安排自己的夜晚。

栖息地：森林和果园。

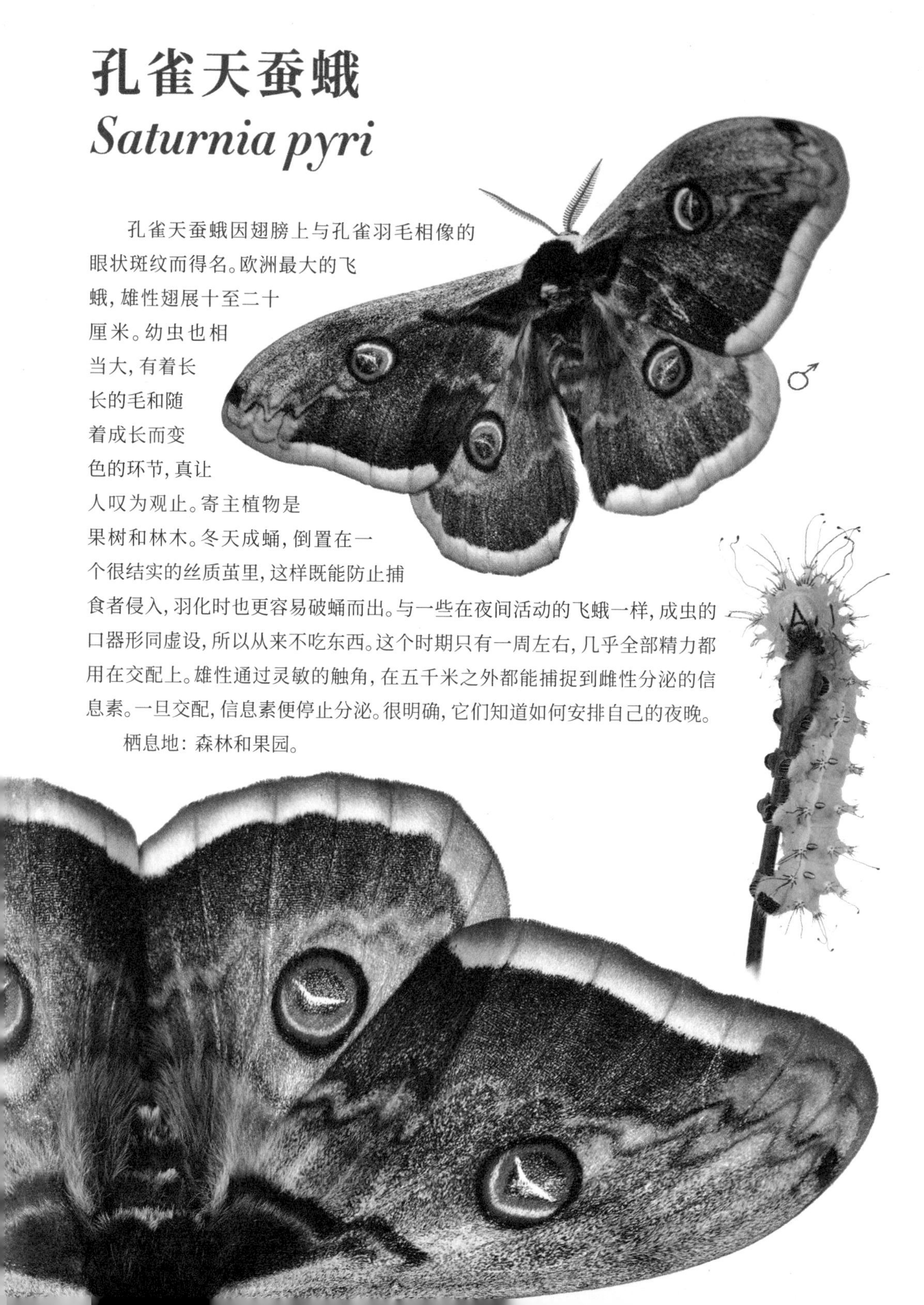

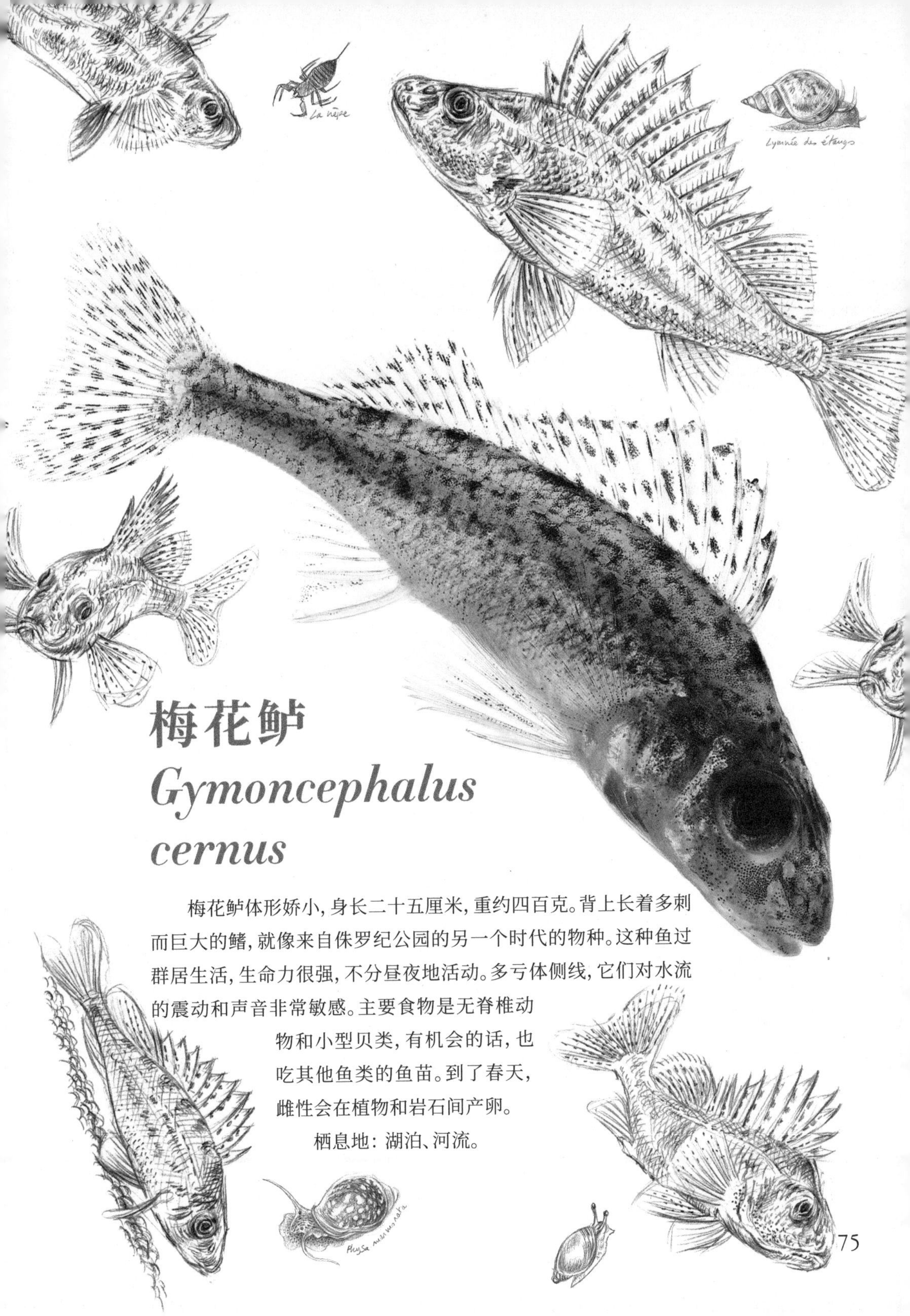

梅花鲈

Gymoncephalus cernus

梅花鲈体形娇小，身长二十五厘米，重约四百克。背上长着多刺而巨大的鳍，就像来自侏罗纪公园的另一个时代的物种。这种鱼过群居生活，生命力很强，不分昼夜地活动。多亏体侧线，它们对水流的震动和声音非常敏感。主要食物是无脊椎动物和小型贝类，有机会的话，也吃其他鱼类的鱼苗。到了春天，雌性会在植物和岩石间产卵。

栖息地：湖泊、河流。

欧洲水蛙 *Pelophylax kl. esculentus*

欧洲水蛙的寿命一般是六至十年，以蚯蚓、昆虫的幼虫和成虫为食。雌性一次产卵能达到四千枚，根据天气状况，这些卵需要孵化两至三周，再经过两至三个月时间完全发育为成体。到了冬天，它们就躲在水底的淤泥中冬眠。如果我们不加干预，蛙卵和蝌蚪将成为许多捕食者的盘中餐，比如鱼类、蜻蜓幼虫、龙虱幼虫等，它们之所以会产这么多卵也正是因为能活下来的不多。

栖息地：沼泽、植物茂盛的池塘。

灰鹤 *Grus grus*

这种群居的大型候鸟身高一百至一百二十厘米，翼展能达到惊人的二百四十厘米。以昆虫的幼虫和成虫、软体动物、植物的种子和幼苗为食。实行终生的一夫一妻制，成群时十分壮观且充满诗意。在法国东部的乡间，每个冬日的清晨都能听到屋外有鹤飞来田野觅食的声音。它们一边以“V”字形列队而飞，一边鸣叫。夜幕降临时，就沿着小径回巢睡觉了。

栖息地：开阔的乡野、湖泊附近的浅沼泽、耕地。

德国黄胡蜂 *Vespula germanica*

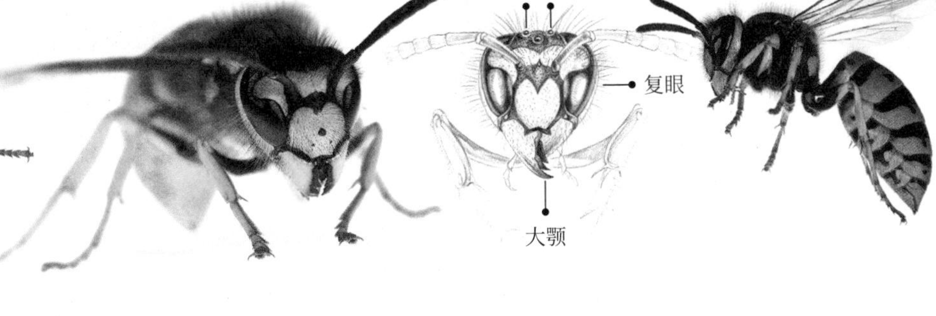

工蜂身长十三毫米，蜂后身长十八毫米。春天，蜂后用咀嚼过的树皮独自筑起约三十个蜂窝的灰色蜂巢。工蜂一旦出生，就立刻接管维护和扩大蜂巢的工作，有时甚至能建成三千个蜂窝。这种蜜蜂喜欢糖类，成熟的果实是它们无法抵抗的诱惑，它们的触角也会搜寻到我们吃的食物。如果被它们叮咬会很疼，一旦引起过敏就会有生命危险。但它们依然是园丁的好朋友，为了养活自己的幼虫，会捕捉大量的害虫。

栖息地：乡野、公园、花园。

丁目大蚕蛾
Aglia tau

丁目大蚕蛾体形中等，雄性身长二十八至三十六毫米，雌性要大得多。它们和著名的伊莎贝拉蛾一样属于天蚕蛾科，后者是标本收藏者的心头好，也正因为如此，它们已濒临灭绝。寄主植物是各种硬木，像是山毛榉、橡树、榛树、桦树、千金榆等。在五月至六月活跃，雄性昼行，雌性夜行，雌雄生活方式很不一致……

栖息地：森林中。

金花金龟
Cetonia aurata

之所以又叫它玫瑰金龟子，是因为它们的成虫喜欢玫瑰。当然，谁不喜欢呢？成虫爱晒太阳，但是幼虫更偏好在阴暗的腐木、腐殖土和堆肥中成长。它们对生态系统的物质循环有很大益处，还能加速堆肥的成熟。

栖息地：任何它能找到食物的地方。

刺猬
Erinaceus europaeus

这种夜行性的小型哺乳类动物全身带刺，领土意识非常强。视力很差，因此靠嗅觉和听觉寻找食物，甚至能“听”到地面下猎物的行踪！主要吃蜗牛、蛞蝓、蚯蚓、昆虫、水果。而且吃东西时会发出很大声响，咯吱咯吱的，离好几米远都能听到。我们可以对没有吃相的人说：“你吃东西的样子跟刺猬似的。”它们的寿命能达到约十年，但大多数只能活两年。原因有很多：第一，经常遭遇车祸，每年有一万多只刺猬因此丧命；第二，如果不小心，有可能吃到因农药中毒的蛞蝓，这非常危险；第三，它们的天敌很多，比如狐狸、鹰、雕鸮、鵟等。当寒冷的季节到来时，它们就冬眠了。

栖息地：园林、树林、树篱、乡野，有时在花园里也能看到它们。

草鹭
Ardea purpurea
苍鹭
Ardea cinerea

这两种大型涉禽尤其喜欢鱼类和两栖类动物，但也吃植物嫩芽，以及爬行类、甲壳类、小型哺乳类动物，从而对控制湿地动物的种群数量极有帮助。草鹭身高九十厘米，翼展一百二十至一百五十厘米。苍鹭比草鹭大，身高能够达到九十五厘米，翼展一百八十五厘米，这两种鹭的寿命都能达到二十五年。它们飞起来很轻盈，弯曲着脖颈，跟鹤完全伸展的飞行姿态截然不同。

栖息地：湿地、浅滩。

无斑豹弄蝶
Thymelicus lineola

触角之间是由两个槽状的外颚叶合成的长喙，看起来像吸管，这是用来吸吮的口器。不取食时卷成螺旋状，取食生存所需的水、花蜜和盐分时就会展开。像大多数弄蝶科的蝴蝶一样，它们在休息时翅膀是半直立的。

栖息地：花朵盛开的草地。

锦葵花弄蝶
Pyrgus malvae

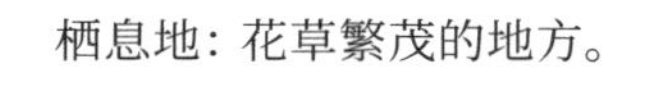

这种翅展二十四至二十八毫米的小蝴蝶很漂亮，雌性和雄性外表相似。虽然名字里有“锦葵”，但它们并不在这种植物上生活。幼虫的寄主植物是蔷薇科，冬天成蛹，成虫在四月至六月及七月至八月活跃。

栖息地：花草繁茂的地方。

毛脚燕

Delichon urbicum

这种燕科的迁徙性鸣禽经常出现在城市和乡村的窗口、壁龛上。几只燕子通力合作，在屋檐下用黏土筑巢。尽管一只燕子的重量只有二十几克，但当一家子全都挤在小小的巢里时，巢居然没有破，太让人惊讶了。毛脚燕的寿命能达到十五年，和一般的燕子一样只吃昆虫，在飞行中捕食。它们会飞往非洲过冬，因为在那里一直都能找到食物。

栖息地：草地、农田，喜欢靠近水源的地方。

戴胜 *Upupa epops*

戴胜身高三十二厘米，翼展四十二至四十六厘米，寿命十一年，我们可以在每年四月至九月看到这种候鸟。它们吃甲虫、螽斯、蝗虫、蝴蝶、苍蝇的幼虫和蛞蝓的幼体，在老树的树洞中筑巢、繁衍后代。夫妇俩会不停地在地上寻找金龟子、鹿角虫和蝼蛄的幼虫，轮流给幼鸟喂食，从而为花园除掉了不少害虫，真是园丁的好朋友，我们不得不为这个美丽的家伙欢呼："戴胜，戴胜，戴胜！太棒啦！"

栖息地：树林、果园。

高体雅罗鱼
Leuciscus idus

这种群居的淡水鱼经常被养殖在符合它们特性的池塘里。主要以昆虫、小型甲壳类动物、植物碎屑和藻类为食，这种鱼体形较大的话也会吃小鱼。最大的高体雅罗鱼身长七十五厘米，重四千克。

栖息地：河流、池塘、湖泊。

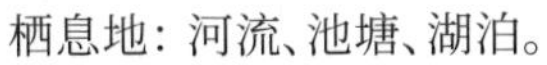

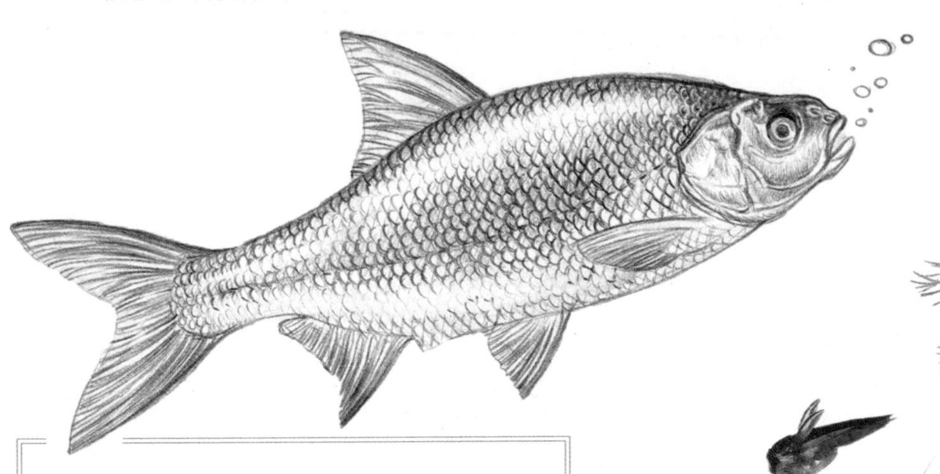

生物学词汇

成虫

成虫是指昆虫个体经历了几个成长阶段后发育成熟的状态。这个词汇有时也用在其他节肢动物上。

生物学词汇

昆虫

昆虫的身体由头、胸、腹三部分组成，有六条腿、两对翅膀和一对触角。蛛形纲的蜘蛛、蝎子和螨虫不是昆虫，它们有八条腿，所以很好辨认。昆虫是生态系统循环非常重要的一部分，没有它们，就没有花和果实，动植物碎屑也无法分解。它们也是许多动物的食物，像是鱼类、鸟类、哺乳类、两栖类动物，以及昆虫本身。总的来说，虽然这些小动物看起来很不起眼，但我们也不应忽视它们。

黄菖蒲

Iris pseudacorus

在法国，这种多年生草本植物被称为“帝王之花”，常见于河流、池塘和湖泊。有着强大的污染过滤能力，因此在自然系统中起到净化水质的作用。花期一过，果实取代花的位置，成熟变干后释放出种子。这些种子逐渐落入水中，在水面上越漂越远，吸饱了水分后就可以生根发芽了。这就是植物依靠水力来传播种子的方法。

栖息地：沟渠、池塘、沼泽、湖泊、流水。

莽眼蝶

Maniola jurtina

莽眼蝶属于蛱蝶科下的眼蝶亚科，在五月底至九月活跃。它们是花园中的常客，寄主植物是各种禾本科植物，喜欢在植物高处晒太阳。你一靠近，它们就飞走了。雌性比雄性颜色更鲜艳，它们的交配会持续很久，往往不受打扰地缠绵在一起。一年繁衍一代。

栖息地：花朵盛开且草丛较高的地方，比如草甸、林中空地、路边、花园等。

粒翅天牛 *Lamia textor*

这种身长十五至三十二毫米的大甲虫是欧洲唯一的沟胫天牛。以蛀食树木为生，黄昏时分在树干上或土壤中慢慢地爬来爬去。比起飞更喜欢爬，所以很难在空中看到它们。幼虫也很低调，在树干里生活三至四年，能挖出一个大型隧道。农药和生境破碎化对它们打击很大。

栖息地：有柳树和杨树的阔叶林。

穴兔 *Oryctolagus cuniculus*

穴兔在黄昏和夜间活动，繁衍速度接近光速，但在它们的栖息地几乎消失了。一九五二年夏天，医学家保罗-菲利克斯·阿蒙德-德利耶为了控制自己家花园里兔子的繁衍数量，特意引入黏液瘤病毒。三年后，全法国百分之九十的野兔和家兔接连死亡，整个欧洲的兔子都岌岌可危。以兔子为食的动物也受到了影响，特别是伊比利亚猞猁。时至今日，这种病毒仍未完全消除。另外，这种草食性动物有效地控制了干草的数量，所以对防止野火有很大益处。

栖息地：草地中的洞穴。

图1

生物学词汇

幼虫

在卵孵化完成或像大多数物种一样刚出生时的形态，也是个体发育的第一个阶段。幼虫的形态和生活方式通常与成虫非常不同。一些昆虫从幼虫长到成虫还会经历几个阶段，比如蝴蝶的幼虫要先发育成蛹[v]，再羽化为成虫。

图1：大锹甲的幼虫
图2：角蝉的幼虫

图2

睡鼠
Glis glis

这种善于社交的啮齿动物在睡鼠科中体形最大，身长十三至十九厘米，重七十至二百克，寿命能达到七年。雌性每年生两至九个幼崽，母乳喂养七周。在黄昏和夜间活动。主要吃水果、树皮、嫩芽、榛子、板栗、橡子、山毛榉和蘑菇，有时也吃无脊椎动物、蛋和小鸡。和我们一样，睡鼠会为十月至第二年四月的冬眠囤积脂肪，还习惯在隐蔽的地方囤粮，秋天还会时不时地检查和补足库存。如果你生活在乡野，它们也可能入住你家。先用树枝、苔藓和干草搭建一个直径约十五厘米的窝，再往里面垫上兽毛、羽毛、植物纤维，让窝变得非常柔软。睡鼠非常可爱，尤其是它们睡觉的时候，就像小孩子一样。

栖息地：阔叶林、果园。

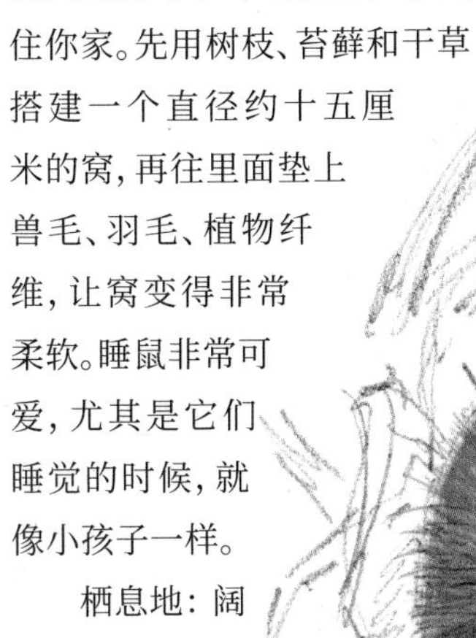

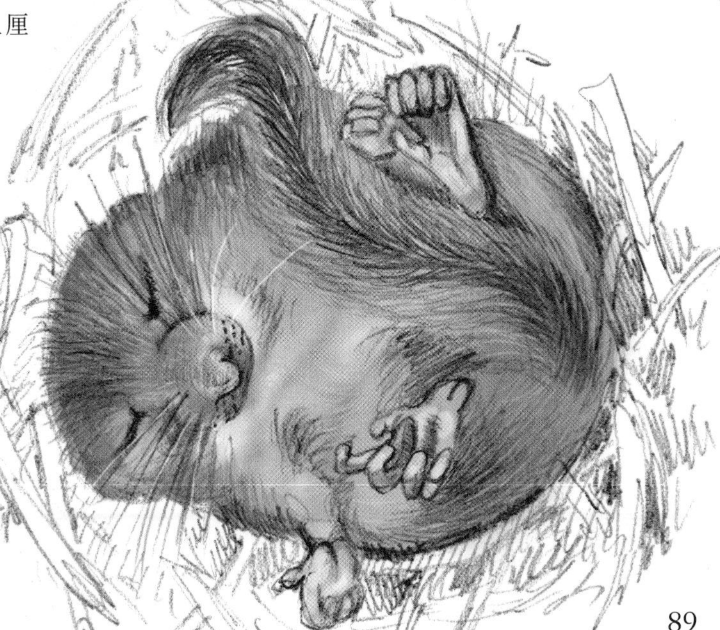

生物学词汇

鳞翅目

这类昆虫的成虫是蝴蝶或飞蛾，包括昼行性和夜行性的。幼虫时期是毛虫形态。现在世界上已知的鳞翅目昆虫约十五万种，仅法国就超过五千种，多数是夜行性的。

红襟粉蝶，见第11页。

赭带鬼脸天蛾，见第149页。

红天蛾，见第165页。

蜘蛱蝶，见第25页。

金凤蝶的幼虫，见第98页。

普蓝眼灰蝶

小豹蛱蝶，见第109页。

红天蛾的幼虫，见第165页。

长尾蜻蜓
Leucorrhinia caudalis

几年前，我在家附近的小池塘边碰到了这对长尾蜻蜓。它们在水面上飞旋，时不时停在植物上小憩。我猜测，下面这只黄褐色的雄性蜻蜓应该有点年纪了。但上面那只不同，它的腹部饱满且下方是白色的。

栖息地：池塘、靠近森林的湖泊。

翠绿丝蟌
Chalcolestes viridis

欧洲唯一的丝蟌科蜻蜓，也是该科中体形最大的一种，身长三十九至四十八毫米。在六月至七月活跃，偶尔在十一月也能看到它们。一般在乔木上或灌木丛中休憩、产卵，有时会大量聚集。这种漂亮的蜻蜓非常独特，休憩时翅膀几乎是摊平的。

栖息地：静水、乔木林、灌木丛。

普通壁蜥的颜色非常多，有棕色、灰色甚至绿色。这种小蜥蜴生活在老墙、石堆、树根上，以昆虫的幼虫和成虫、蜘蛛、蚯蚓为食。会在成长过程中定期蜕皮，对农药很敏感。

栖息地：石堆、树根，能够生活在离人类很近的地方。

普通壁蜥
Podarcis muralis

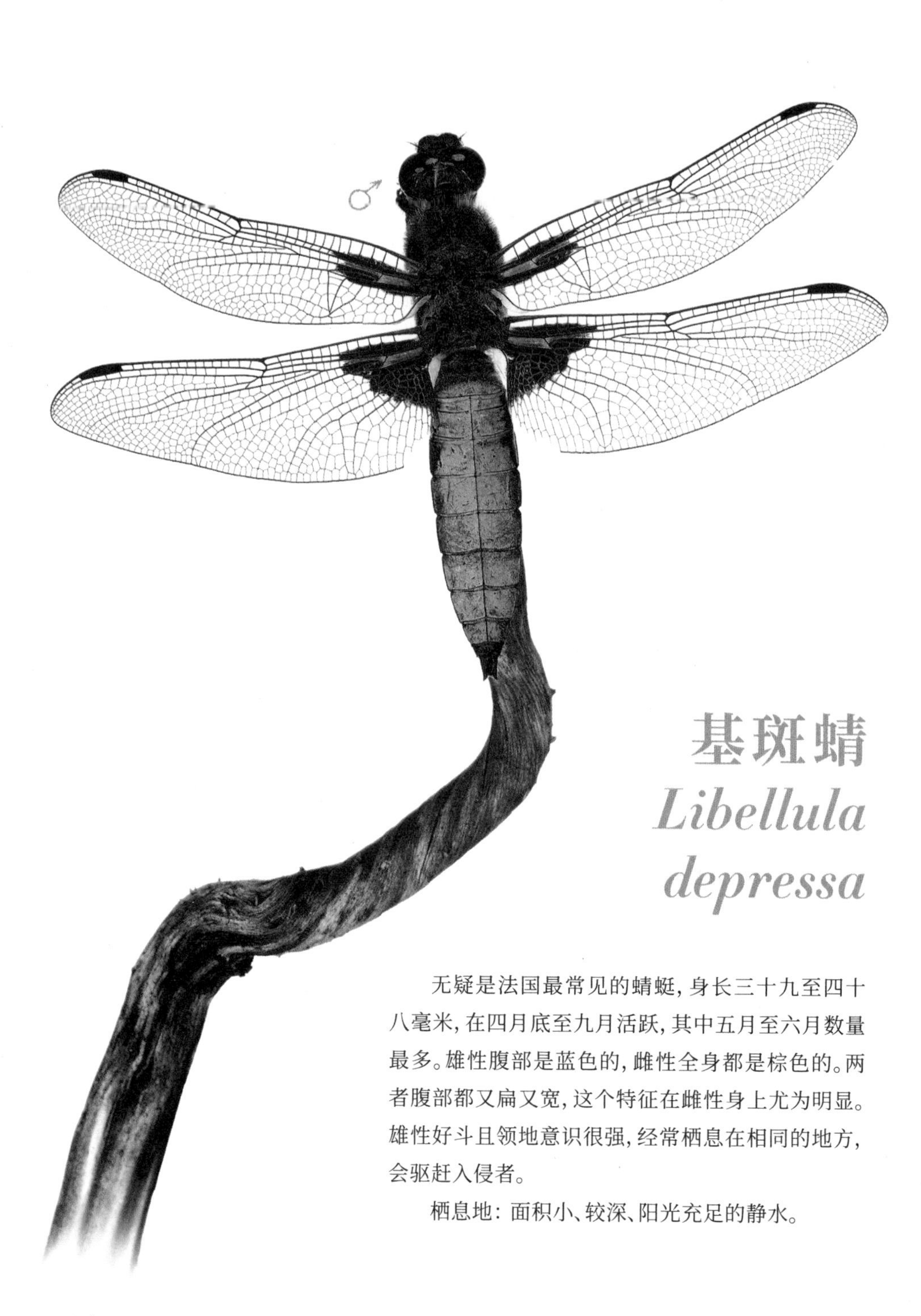

基斑蜻
Libellula depressa

无疑是法国最常见的蜻蜓，身长三十九至四十八毫米，在四月底至九月活跃，其中五月至六月数量最多。雄性腹部是蓝色的，雌性全身都是棕色的。两者腹部都又扁又宽，这个特征在雌性身上尤为明显。雄性好斗且领地意识很强，经常栖息在相同的地方，会驱赶入侵者。

栖息地：面积小、较深、阳光充足的静水。

红蜻 *Crocothemis erythraea*

这种身长三十六至四十五毫米的小蜻蜓来自非洲，如今在欧洲十分常见。雄性从头到尾都是红色的，雌性基本上是棕黄色的，但也有极少数像雄性那样呈红色。雄性一点儿都不腼腆，孜孜不倦地追求雌性，渴望交配的心简直清晰可见。在六月中至九月活跃，经常在水面上飞舞或在植物间休憩。就像所有的蜻蜓一样，必要时会守卫自己的领地。

栖息地：植物丰富且较深的静水。

里海兔
Lepus europaeus

成年的里海兔身长四十至七十六厘米，重二点五至七千克，寿命十二年。耳朵比头长，该是个多好的倾听者啊。这种独居的草食性动物在黄昏活动，住在简易的地洞里，以草本植物、树皮、树苗、嫩芽、果实和蘑菇为食。躲藏时，它们会伏在地上，长长的耳朵向下翻折。跑起来时，速度能达到每小时七十千米！但和乌龟赛跑时却输了。

它们有着惊人的繁殖力，交配期从三月一直持续到十月，一年怀孕三至四次，每次产子一至四只。可是因为生境破碎化和栖息地减少，它们的数量越来越少了。

栖息地：田野、农田、树林、森林边缘。

生物学家

林奈

卡尔·冯·林奈认为生物们都很有必要拥有一个科学名称，于是提出了双名法，即一个物种的学名由两部分组成：第一个是属名，第二个是种加词，从而奠定了现代生物命名系统的基础。他一生中列出、命名、分类了大部分那个时代已知的生物。

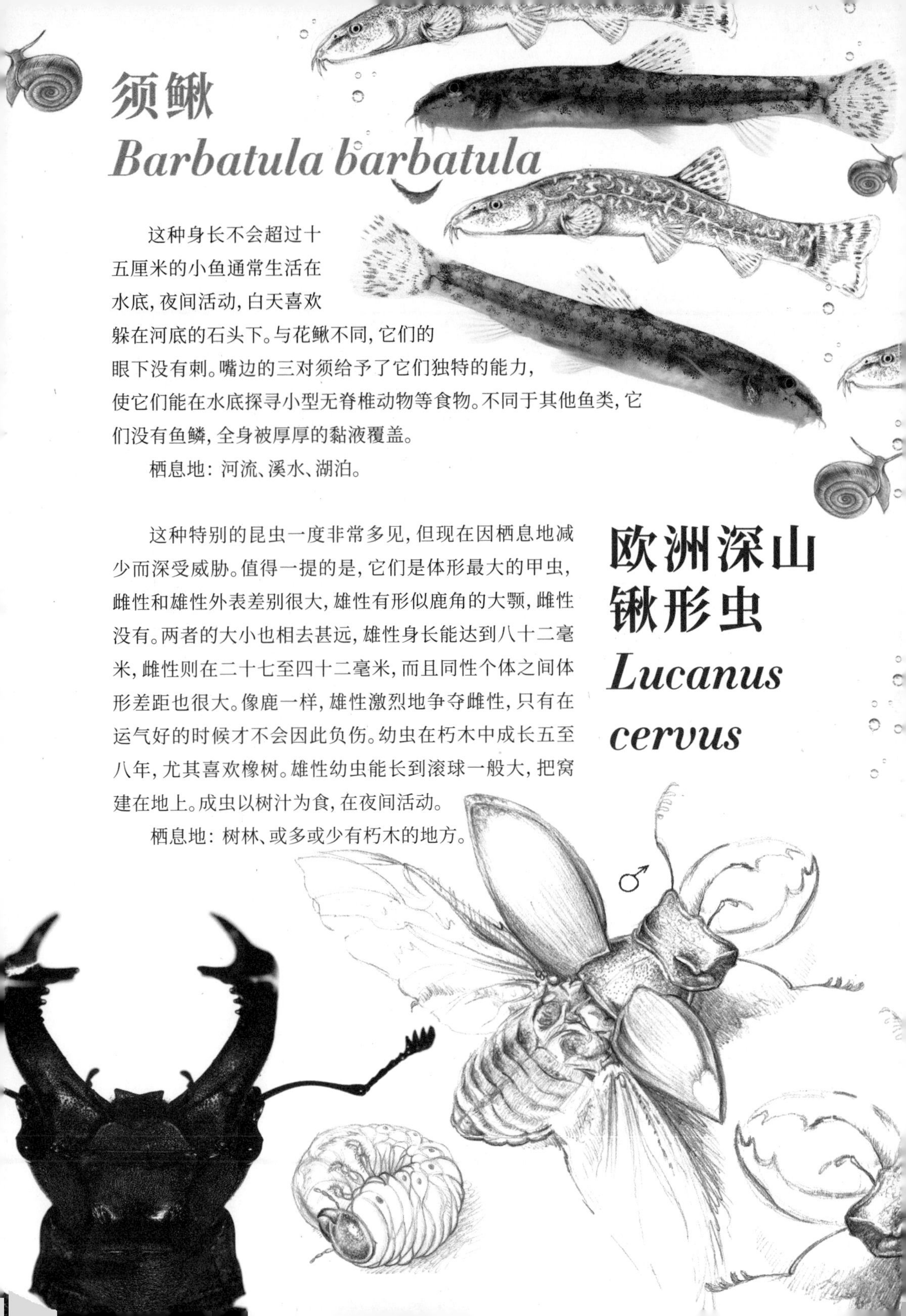

须鳅

Barbatula barbatula

这种身长不会超过十五厘米的小鱼通常生活在水底，夜间活动，白天喜欢躲在河底的石头下。与花鳅不同，它们的眼下没有刺。嘴边的三对须给予了它们独特的能力，使它们能在水底探寻小型无脊椎动物等食物。不同于其他鱼类，它们没有鱼鳞，全身被厚厚的黏液覆盖。

栖息地：河流、溪水、湖泊。

欧洲深山锹形虫

Lucanus cervus

这种特别的昆虫一度非常多见，但现在因栖息地减少而深受威胁。值得一提的是，它们是体形最大的甲虫，雌性和雄性外表差别很大，雄性有形似鹿角的大颚，雌性没有。两者的大小也相去甚远，雄性身长能达到八十二毫米，雌性则在二十七至四十二毫米，而且同性个体之间体形差距也很大。像鹿一样，雄性激烈地争夺雌性，只有在运气好的时候才不会因此负伤。幼虫在朽木中成长五至八年，尤其喜欢橡树。雄性幼虫能长到滚球一般大，把窝建在地上。成虫以树汁为食，在夜间活动。

栖息地：树林、或多或少有朽木的地方。

金凤蝶 *Papilio machaon*

这种大型蝴蝶是凤蝶科的象征，喜欢滑翔，因后翅有“凤尾”而得名，很好辨认。在有胡萝卜或茴香的花园里很容易发现它们。现在我仍然能见到，但比起小时候次数少多了。

金凤蝶翅展能达到九十毫米，雌性和雄性外表差别不大。雄性通常飞往山顶寻求雌性，借助地势高处的暖空气能飞得又高又久。领地意识很强，甚至能够赶走侵入自己领地的麻雀，这确实是一场好戏！雌性呢，会独自在伞形科植物上产卵。幼虫喜欢胡萝卜，有可以散发臭味且能伸缩的臭丫腺，这是它们用来抵抗攻击者的武器。

栖息地：花朵盛开的草地。

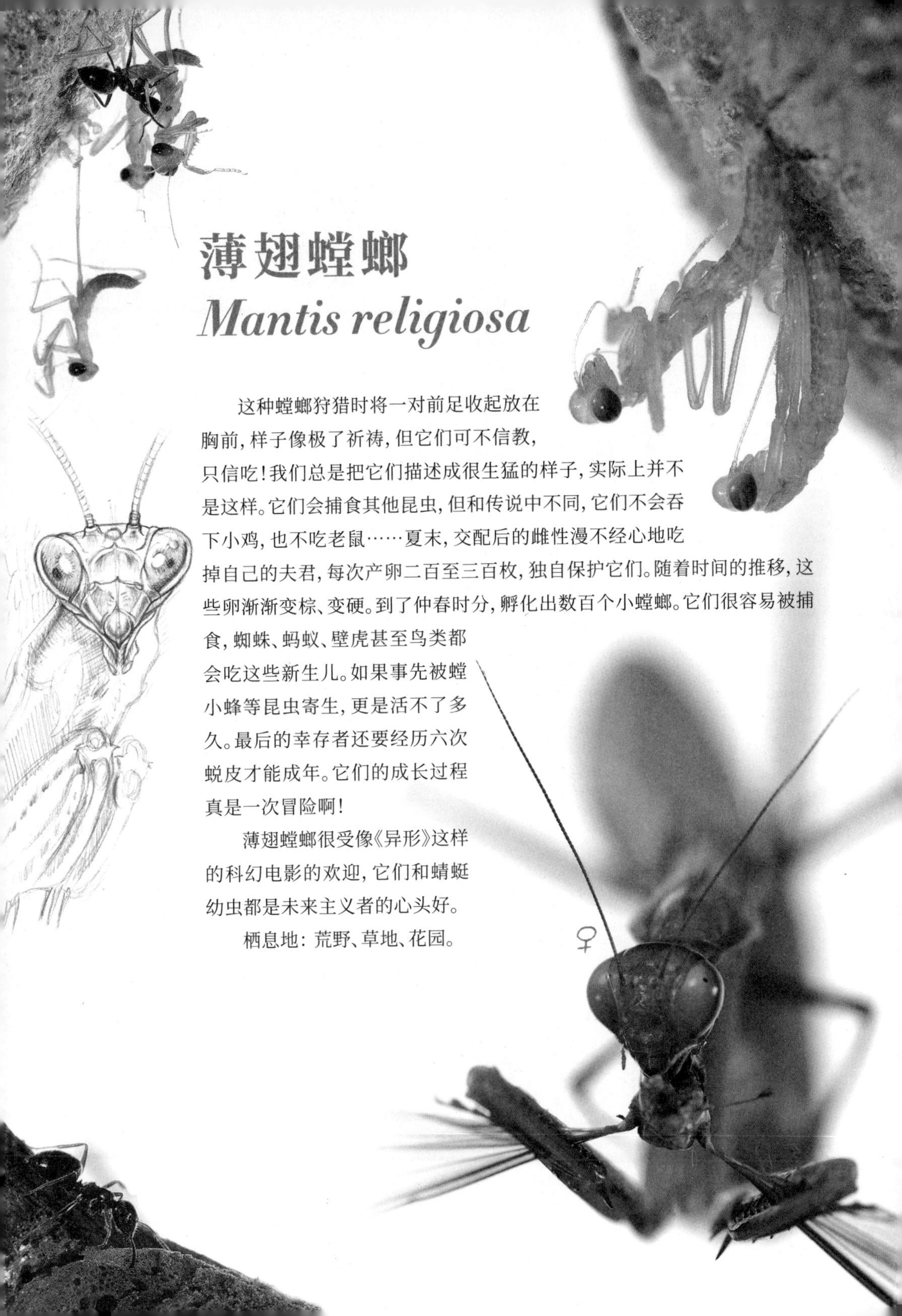

薄翅螳螂

Mantis religiosa

这种螳螂狩猎时将一对前足收起放在胸前，样子像极了祈祷，但它们可不信教，只信吃！我们总是把它们描述成很生猛的样子，实际上并不是这样。它们会捕食其他昆虫，但和传说中不同，它们不会吞下小鸡，也不吃老鼠……夏末，交配后的雌性漫不经心地吃掉自己的夫君，每次产卵二百至三百枚，独自保护它们。随着时间的推移，这些卵渐渐变棕、变硬。到了仲春时分，孵化出数百个小螳螂。它们很容易被捕食，蜘蛛、蚂蚁、壁虎甚至鸟类都会吃这些新生儿。如果事先被螳小蜂等昆虫寄生，更是活不了多久。最后的幸存者还要经历六次蜕皮才能成年。它们的成长过程真是一次冒险啊！

薄翅螳螂很受像《异形》这样的科幻电影的欢迎，它们和蜻蜓幼虫都是未来主义者的心头好。

栖息地：荒野、草地、花园。

乌鸫
Turdus merula

体形最大的乌鸫翼展三十八厘米，重一百一十克，寿命能达到十六年。有着黑色绒面般的羽毛，尽管令人难以置信，这些羽毛也是有各种色差的。杂食性动物，吃各种昆虫、蜘蛛、蚯蚓和其他小型动物，也吃掉落在地上的果实和种子。领地意识同样很强，会为了争夺地上的美餐而发起激烈争斗，甚至会造成一方死亡。

栖息地：森林、公园、花园。

衫夜蛾 *Phlogophora meticulosa*

这种夜行性飞蛾非常低调，除了身形娇小，还有出众的拟态能力，所以很难被发现。我夜里去邮局时见过一只，我以为它和我一样毛发稀少，结果它是真的一根都没有。幼虫吃禾本科植物，成虫在五月至十一月活动，会迁徙。

栖息地：花园、树林、荒野、城市中。

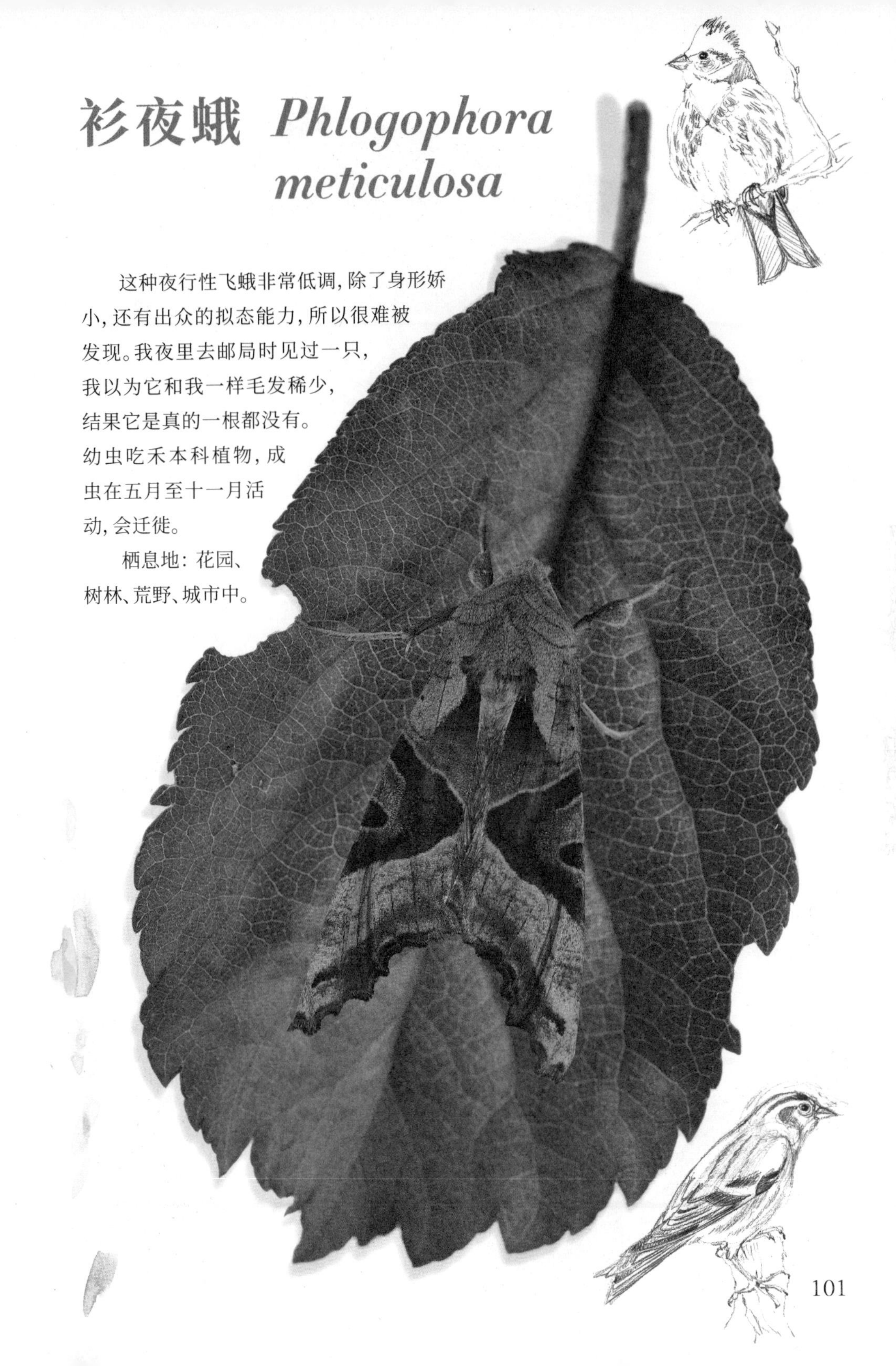

青山雀

Cyanistes caeruleus

哦！我的天使。青山雀身高十二厘米，翼展十二至十四厘米，寿命十五年，重九至十二克。在树上生活，不会迁徙。冬天，这种蓝色的小鸟儿经常来我的花园觅食，它们一边唱歌，一边跳芭蕾，我实在太幸福了。

栖息地：阔叶林、花园。

大山雀
Parus major

大山雀比青山雀大，身高十四厘米，翼展二十三至二十六厘米，重十六至二十一克。仔细看看，这种鸟就像系着领带一样，多么优雅！主要吃地上或树叶堆里的蜘蛛、昆虫的幼虫和成虫。和青山雀一样，它们可以住在人类居所附近。

栖息地：混交林、阔叶林、灌木丛、树篱、公园、果园、花园。

凤头山雀 *Lophophanes cristatus*

凤头山雀身高十二厘米，寿命五年。它们不高调，但也不低调，停在树枝上骄傲地竖起自己的“皇冠”。吃昆虫和蜘蛛，冬天也吃谷物、树脂和浆果。在朽木或老屋里筑巢，不会迁徙，很少离开自己的领地。就像许多依靠朽木生存的动物一样，受伐木影响数量锐减。

栖息地：有树脂的混交林、公园。

沼泽山雀 *Poecile palustris*

我们在林子里松鼠常出没的地方设好隐蔽的摄影小屋，待在里面等它们。等了几个小时后，实在太热了，这位棕色毛发的朋友并没有来，只有山雀一直在这里飞旋，于是我决定给它们拍张肖像。这种可爱的小山雀和青山雀差不多大，寿命十年，一生都和同一个伴侣一起度过。吃昆虫、蜘蛛、谷物和榛子。很有先见之明，会把粮食藏在木头的裂缝里或苔藓和地衣下，这是在为冬天做准备。

栖息地：混交林、阔叶林。

生物学词汇

候鸟

因气候变化或食物不足而沿纬度迁移的鸟类。

生物学词汇

拟态

为了逃脱捕食者，一个物种通过伪装隐藏在自己所处的环境中，有一些物种[vi]也有可能假扮成另一种不可食用、存在危险的节肢动物。

生物学词汇

蜕皮

抛弃旧皮囊，在动物的成长或变态过程中必不可少。昆虫、蜘蛛、甲壳类动物在内的节肢动物会更换外壳；脊椎动物在换季时会长出新的皮肤或羽毛等；青春期的男孩会长出喉结，声音有很大变化。这都是成长中的一种改变。

想要内在更好，必须做出改变。

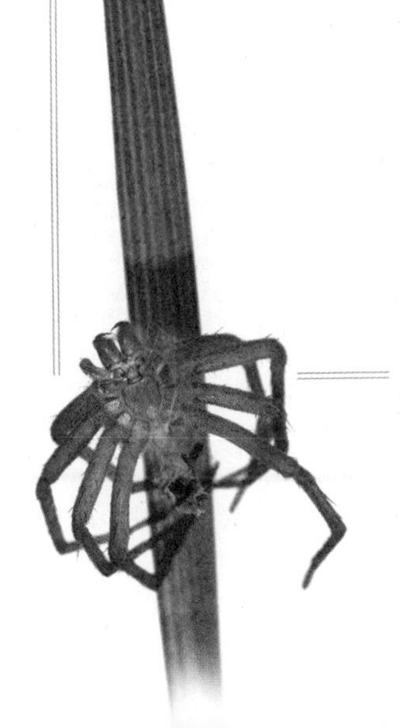

家麻雀
Passer domesticus

这种群居的鸟儿生活在人类身边，主要吃各种昆虫、蚯蚓、蜘蛛、种子、嫩芽和果实。观察它们飞翔的话，会发现它们先下降，然后扑打翅膀飞高，再下降，像是有引擎故障。它们不是野生动物，经常像我们一样逛超市。还会光顾我们的餐桌，但从来不清理桌子，就像小孩那样……

栖息地：人类居住区、农场、村庄、城市。

麻雀
Passer montanus

我们很容易把它们与家麻雀混淆。麻雀更小，脸颊上有一块黑色的斑点，这是区分两种麻雀的方式。饮食习惯和家麻雀一样，但生活在距离人类相对较远的地方。

栖息地：田野、公园、林间、植物茂盛的沼泽。

长喙天蛾 *Macroglossum stellatarum*

长喙天蛾会像蜂鸟一样快速扇动翅膀、用长长的喙管悬停在花朵上方采蜜，因此也叫蜂鸟鹰蛾。它们在飞蛾中飞得最快，速度能达到每小时五十千米。采蜜时，翅膀依然扇动着，这样可以防止体形强壮的自己跌落在地。一年繁衍两代，幼虫喜欢待在蓬子菜上，成虫在四月至九月活跃。如果你想在花园里见到它们，就到鼠尾草和薰衣草附近找找，这些植物是它们的心头好。摄影师朋友们，拍摄它们时要有耐心，与其试图跟随它们，不如在它们喜欢的紫色植物附近等候。

栖息地：草地、灌木丛、花园。

灿福蛱蝶 *Argynnis adippe*

这种昼行性蝴蝶属于蛱蝶科。和老豹蛱蝶、小豹蛱蝶、绿豹斑蝶等蛱蝶科的蝴蝶一样是橙色的，但翅膀上的斑纹跟它们不同，灿福蛱蝶翅膀背面有独特的银斑。雌性在紫罗兰上产卵，一年繁衍一代，成虫在五月底至八月活跃。

栖息地：干燥且植物茂盛的地方、林中空地。

琉璃繁缕 *Anagallis arvensis*

一年生攀缘植物，高五至三十厘米，花朵呈红色，偶尔也有蓝色的，直径八至十毫米。果实里有许多种子。它们含有皂苷，曾被用作治疗神经衰弱的药用植物。现在，我们有时还会用它们治疗某些呼吸道疾病。它们对许多小型草食性动物来说很危险。

栖息地：干燥且植物茂盛的地方、林中空地。

普通鼩鼱(尖嘴鼠)

Sorex araneus

这种小型食虫动物简直就是杂技演员,可以轻易钻进“老鼠洞”,还能附着在墙壁上爬行,白天和晚上一样活跃。重五至十四克,每天会吃和自己重量相同的食物,包括昆虫、蚯蚓、腹足类或是其他小型脊椎动物。捕食尖嘴鼠的动物包括狐狸和黄鼠狼,当它们听到狼叫时,也是绝不会出洞的……

栖息地:干燥且植物茂盛的地方、林中空地。

小豹蛱蝶

Brenthis daphne

小豹蛱蝶活动的地点和时间跟灿福蛱蝶一样,而且也是一年繁衍一代。寄主植物是黑莓[vii]和覆盆子,雌性就在上面产卵。以卵或幼虫形态过冬,成虫整天在阳光下的黑莓花上觅食。

栖息地:茂盛的花丛、林中空地。

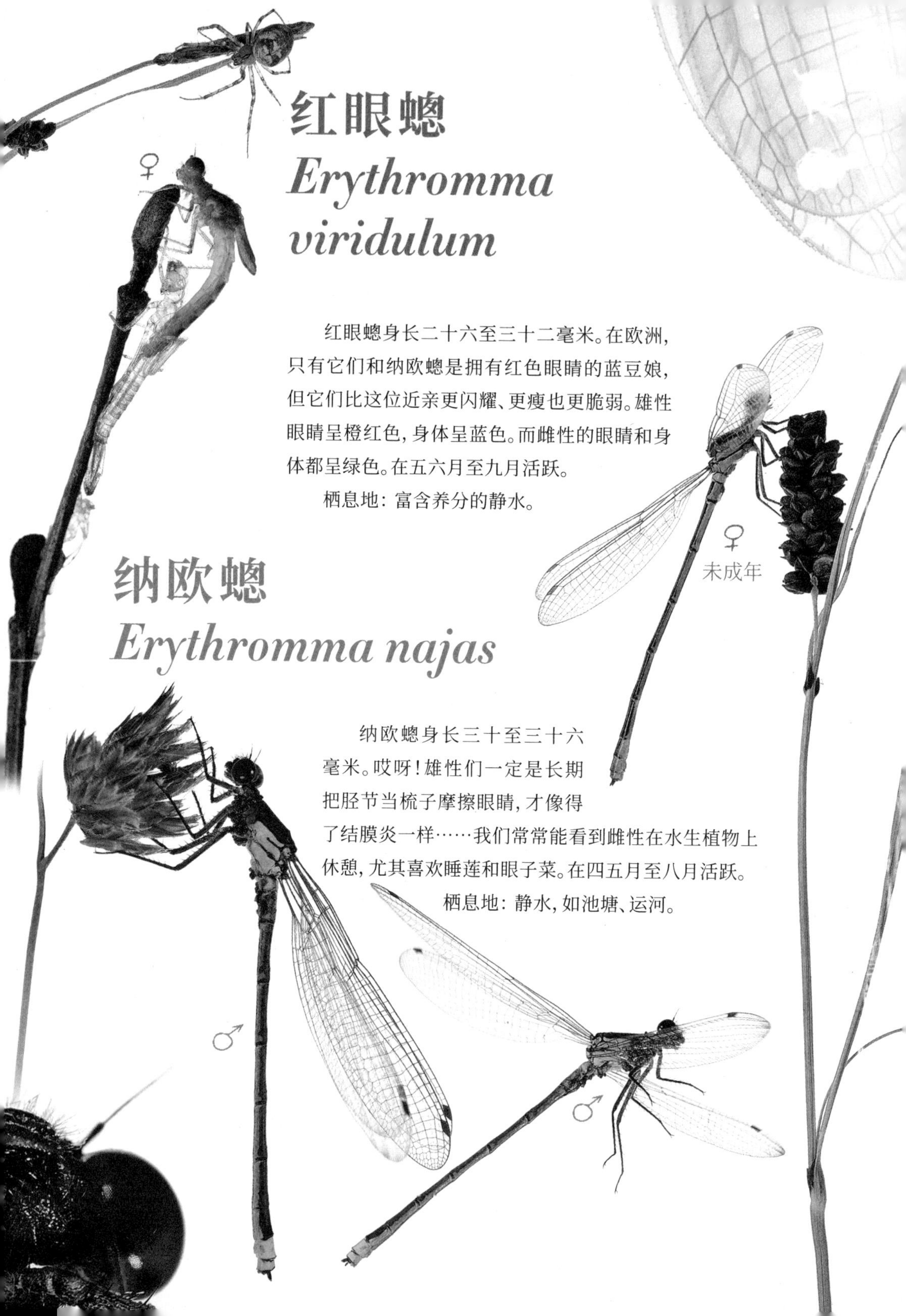

红眼螅

Erythromma viridulum

红眼螅身长二十六至三十二毫米。在欧洲，只有它们和纳欧螅是拥有红色眼睛的蓝豆娘，但它们比这位近亲更闪耀、更瘦也更脆弱。雄性眼睛呈橙红色，身体呈蓝色。而雌性的眼睛和身体都呈绿色。在五六月至九月活跃。

栖息地：富含养分的静水。

纳欧螅

Erythromma najas

纳欧螅身长三十至三十六毫米。哎呀！雄性们一定是长期把胫节当梳子摩擦眼睛，才像得了结膜炎一样……我们常常能看到雌性在水生植物上休憩，尤其喜欢睡莲和眼子菜。在四五月至八月活跃。

栖息地：静水，如池塘、运河。

欧亚萍蓬草
Nuphar lutea

这种健壮的多年生水生植物在四月至九月开花，给我们的河流增添了田园般的气息。花香扑鼻，引得许多昆虫来访。大大的椭圆形叶子漂浮在水面上，迎接着青蛙、豆娘（见图1、3）和蜻蜓（见图2）。露出水面的部分是从长长的根状茎长出的分枝，长至四米，可以插在花瓶里。

栖息地：池塘、缓流。

大红细蟌 *Pyrrhosoma nymphula*

尽管这个名字让人以为它们就是红色的，但实际上有些雌性是黄色的。雄性几乎都呈红色，胸部有黄色斑点，而雌性的斑点颜色很深，几乎接近于黑色。大红细蟌是生活在欧洲北部时间最长的物种之一，也是大多数地区唯一的细蟌科昆虫。在四月至八月活跃，我在池塘边曾见过它们在植物间轻巧地穿行。

栖息地：植物茂盛的静水。

生物学词汇

蜻蜓目

包括豆娘（见图1）和蜻蜓（见图2）的蜻蜓目是水源地和湿地环境质量的绝佳检测指示物种，幼虫和成虫都是如此。它们是肉食性动物，幼虫吃蝌蚪、水生动物的幼体甚至小鱼。成虫吃小飞虫、蚊子等。水生和飞行的小型生物数量减少、池塘干涸，以及农药的使用都造成它们的数量在减少。

蜂兰
Ophrys apifera

这种野生的兰科植物在五月至七月开花，通过模拟雌性蜜蜂的气味吸引雄性蜜蜂来授粉。为了完美地实现计谋，它们的唇瓣还模仿雌性蜜蜂的模样。于是，雄性蜜蜂就在假交配的过程中授了粉。如果蜂兰的诡计没有得逞，也有别的办法——自花受精，它们是唯一可以这么做的兰科植物。

栖息地：草地、荒野、灌木丛。

紫花红门兰
Orchis purpurea

紫花红门兰在四月中至六月中开花，花朵是鲜艳的紫色，有令人舒适的香气。这种植物十分多见，路边、沟渠上、山坡的草地上和树底下都有它们的身影，我们可能在马路对面的围栏底下就能找到它们。有一些可以长得很高，盛放在阳光下。另一些就低调很多，藏在大橡树的树荫下。

栖息地：干燥且新鲜的草地、荒野、榉树林、橡树林。

倒距兰
Anacamptis pyramidalis

倒距兰在四月至七月开花。说起来也是神奇，我就在离家几千米的池塘附近拍到了这朵兰花，它们开在路边沙地上零落的草本植物间。一只粗灰蜻在这里找到了完美的栖息地，享受着阳光。一般兰科植物高十至二十五厘米，但倒距兰能达到五十五甚至六十厘米。

栖息地：石灰质土壤、干燥且阳光明媚的草地、河岸。

斑点掌裂兰
Dactylorhiza maculata

通过膜翅目昆虫授粉的掌裂兰高二十至六十厘米，在四月至七月开花，颜色非常鲜艳。我们在沿路的石灰质草地上能看到它们，寻找它们最好的方式就是散步或骑行，只要留意就一定能遇见。

栖息地：石灰质土壤、干燥且阳光明媚的草地、河岸。

兰科植物几乎和野草莓一样多，它们是经验老到的生存高手。二叶舌唇兰在五月至八月开花，低调地生长在路边和林地中。有一些盛放在阳光下，你在散步时很容易就能发现。但另一些藏在树荫下和植物间，尽管长得高，还是很难被注意到。我倒是见过几次。我拍下它们的那天，正好有一只潘非珍眼蝶[viii]光顾。

栖息地：湿草甸、沼泽、混交林。

二叶舌唇兰 *Platanthera chlorantha*

短柄野芝麻
Lamium album

短柄野芝麻高二十至五十厘米，虽然长得和荨麻很像，但是一点儿都不扎人，还会开漂亮的白色花朵，通过大黄蜂授粉。它们的茎是四棱形的，嫩叶可以直接做成色拉，在植物疗法中也颇有用途。

栖息地：路边、树篱、瓦砾间。

碧色灰蜻
Orthetrum coerulescens

碧色灰蜻身长三十六至四十五毫米。雌性全身都是黄色的，很好辨认，至于雄性，从身体到眼睛都是蓝色的。在六月至十一月活跃，经常出现在小溪、田野间。每当我想找它们时，就骑上自行车，五分钟内肯定能遇上。这种蜻蜓喜欢躲在植物间，很少停在地面上。寻找它们最好的方式就是坐在一个地方不动等候它们来，到处寻找反而会把它们吓跑。

栖息地：流水、沟渠。

粗灰蜻
Orthetrum cancellatum

雄性粗灰蜻是蓝色和棕色的，雌性则全身都是黄色的，腹部还有黑色的网状斑纹。它们会躲在植物丛中交配。雌性独自产卵时会跳一段独特的舞蹈，抽动着后半身轻触水面。在四月底至九月初活跃，我经常在家附近池塘边稀疏的植物顶端看到它们。

栖息地：喜欢岸边有着稀疏植物的池塘、湖泊等静水。

蛇蜥
Anguis fragilis

蛇蜥是一种蜥蜴，但长期的穴居生活导致四肢消失，所有蛇蜥属和部分帝王蛇蜥属都存在这种退化。紧急情况下，尾巴可断，脑袋可不能丢，蜥蜴的断尾能力算得上一个谜团了。肉食性动物，以蛞蝓、蜗牛、蚯蚓、昆虫和蜘蛛为食。它们对农药很敏感，也是生境破碎化的受害者。草地和灌木的减少、农田的增多使它们的数量越来越少。每年我清理堆肥时都要非常小心，因为这是它们的庇护所。

栖息地：公园、森林、花园。

生物学词汇

鸟类

不论罕见与否，鸟类可能都是恐龙的后裔，且都会筑巢。它们轻盈的骨骼是空心的，但很结实。有些骨骼是由几小块骨骼合在一起构成的，以承受飞行时所产生的应力。

生物学词汇

寄生生物

依靠寄主而活的生物。一些寄生生物对寄主的危害是致命的，速度甚至比杀虫剂还快。另一些则对寄主没有任何威胁。

孔雀蛱蝶 *Aglais io*

孔雀蛱蝶简直是蝴蝶中的好莱坞明星，全世界都认识它们。受到干扰时，它们的翅膀能搞出很大动静，展示出翅膀上巨大的眼状斑纹，这都是为了吓退潜在的捕食者。翅膀闭合时则是隐身高手，能完美地模仿出枯叶的样子，完全不会被发现。简而言之，它们很有才。一年繁衍一代，幼虫以荨麻为食，经常被膜翅目和双翅目寄生。哪儿有它们的寄主植物，哪儿就有它们的存在。成虫在六月至九月活动，然后冬眠。只要有机会，它们能在任何地方冬眠。有一年冬天，我就在车的后座上发现了一只。还有一年，我往屋里囤木材时无意间把一只带进了屋。到了次年二三月份，随着春日的第一缕阳光照耀大地时，它们便再次登场了。

栖息地：喜欢阳光明媚的溪水边、树木茂盛的河岸、湿草甸、荒野、野生花园等。

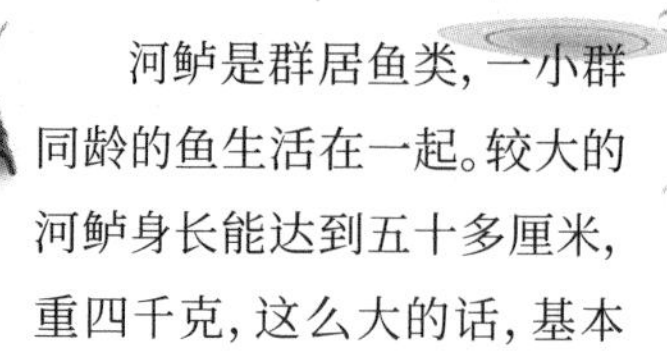

河鲈 *Perca fluviatilis*

河鲈是群居鱼类，一小群同龄的鱼生活在一起。较大的河鲈身长能达到五十多厘米，重四千克，这么大的话，基本上是独居的。这种鱼从早到晚都在进食，吃其他鱼类、甲壳类、昆虫的幼虫、蚯蚓和浮游生物。它们一生都在成长，但鱼鳞的数量保持不变。我们可以从鱼鳞上环状条纹的圈数得出一条河鲈的年龄。每过一年，鱼鳞上就会多一圈条纹，这和树的年轮是同样的道理。

栖息地：淡水。

欧洲大锹 *Dorcus parallelipipedus*

这种黑色锹形虫属于鞘翅目，雄性看起来与雌性欧洲深山锹形虫很像，但它们更小，身长十五至三十五毫米。幼虫身体是白色的，头部是棕色的，在林间的朽木里成长好几年才能成年。它们是吃朽木的腐食性昆虫，能帮助朽木转化为腐殖质。

栖息地：朽木、落叶堆。

♀

柳紫闪蛱蝶
Apatura ilia

柳紫闪蛱蝶属于蛱蝶科下的闪蛱蝶亚科。它们称得上是一只变色蝴蝶，翅膀在不同的光线方向和视角下，可能呈棕色，也可能呈蓝紫色。翅展六十至七十毫米，体形相对较大。尽管如此，它们还是生性低调，喜欢在森林的高处生活，以树汁为食，需要饮水，以及在潮湿的土壤或粪便里摄取盐分时才会飞下来。在五月至九月活跃，每年夏天，我都能在一条狭窄的小路上遇见它们，它们正于满是樱桃核的狐狸粪便上饱餐一顿。一年繁衍一代或两代，雌性在白杨、胡杨、黑杨等杨树和柳树的叶子上产卵。

栖息地：长有寄主植物的林中空地、小径、岸边。

皇帝蛾
Saturnia pavonia

皇帝蛾是我在自家草坪上最常见的天蚕蛾科昆虫。好吧，我承认，所谓的“最常见”是指十年间见过三只。雄性翅展五至六厘米，与雌性相比，颜色更鲜艳，体形更小。雄性的触角能让它们在五千米之外都能捕捉到雌性分泌的信息素。交配一结束就产卵，一年繁衍两代。幼虫生活在欧石楠、黑莓、黑刺李、山楂、柳树、桦树间。成虫在三月至九月活跃。雄性昼行，雌性夜行，它们都只有几天的寿命。

栖息地：荒野、欧石楠丛、丘陵、稀疏的树林。

荨麻蛱蝶

Aglais urticae

这种蝴蝶翅展四十至五十五毫米，有很棒的鳞片，雌性和雄性外表很像。幼虫群居，和许多蛱蝶科蝴蝶的幼虫一样喜欢荨麻。成虫两三只待在一起，在五月至十月活跃。冬天，它在洞穴、阁楼、地窖寻找庇护所，如果天气暖和起来，可能从三月就开始飞舞了。

栖息地：开阔的地方、花园、树林。

青尺蛾 *Campaea margaritaria*

大家都知道我对鳞翅目的喜爱胜过蜘蛛，“喂?斯特凡吗?快来，天花板上有只飞蛾。”不是一次两次，当我接到这样的电话就跳上车出发，这种蓝绿色的美丽的飞蛾值得我这么做。迷人的青尺蛾是属于尺蛾科的夜行性昆虫。一年繁衍两代，幼虫吃各种树的叶子，会冬眠。成虫在五月至六月及八月至九月活跃。

栖息地：稀疏的树林、荒野、树篱、公园、花园。

大斑啄木鸟
Dendrocopos major

我经常在工作室对面的榛树上看到一对大斑啄木鸟，它们应该不是临时飞上去的。欧洲绿啄木鸟就不会离人类居所如此之近。大斑啄木鸟身高二十四厘米，翼展三十四至三十九厘米，重七十至九十八克，寿命能达到十一年。夏天，它们用喙啄树皮或树的缝隙来捕食昆虫，其他时候就吃小型无脊椎动物、种子和果实。交流方式是用喙敲击树干，就像在打鼓一样。

栖息地：森林、树篱、果园、公园、较大的花园。

黑啄木鸟

Dryocopus martius

黑啄木鸟身高五十五厘米，翼展六十四至六十八厘米。寿命能达到十一年。呈直线飞行，梳着极有特点的红色大背头，很好辨认。它们是攀爬高手，用钉子一样的爪子爬上树，依靠尾巴支撑自己。这种啄木鸟既吃植物也吃昆虫，它们的喙钻入树干或啄破树皮，叼食里面的蚂蚁和蛀虫。值得一提的是，它们有时候也吃小鸡。

栖息地：开阔的地方、花园、树林。

欧洲粉蝶

Pieris brassicae

粉蝶科的这种蝴蝶完全彰显了“园丁悖论”：园丁喜欢蝴蝶但讨厌它的幼虫，喜欢自然却使用农药……爱它们就要爱它们的全部啊！这种蝴蝶一年繁衍多代，每年的代数难以确定。群居的幼虫一般通过寄生来保证种群数量，在野生或栽培的十字花科植物上都能找到它们，尤其是卷心菜里。成虫在三月至十月底活跃，喜欢薰衣草、蓝盆花和蓟花，我们会看到它们在高空中大规模地迁徙。

栖息地：哪儿有它们的寄主植物，哪儿就有它们的存在。

苍头燕雀
Fringilla coelebs

苍头燕雀会打扮得花枝招展地去吸引异性。在这个节骨眼上，它们的领地意识很强，而且非常强势，但在交配期以外的时候，它们非常善于社交。主要吃种子、果实、无脊椎动物。要想看它们在捕食昆虫时展现高超的飞行技巧并不难，尽管它们更喜欢在树枝上或树叶丛中突袭猎物。冬天给这只令人愉快的小鸟喂食时，它们会羞涩地低下头来，我们也因此成了好伙伴。

栖息地：稀疏的森林、灌木丛、果园、公园、乡村和城市的花园。

伏翼
Pipistrellus pipistrellus

伏翼就像一只会飞的小老鼠，群居生活，寿命能达到十七年。大多数时间都躲在百叶窗后玩耍、休息，在夜间捕食那些在白天叮咬我们的昆虫，真是勇敢的小家伙。重四至八克，别看它们轻，对昆虫的杀伤力比农药还大。在房屋附近狩猎时，一个晚上可以捕捉将近三千只昆虫。作为蝙蝠侠的朋友，它们也和蝙蝠侠一样有着超级装备。比如它们有一个能发射四十二至四十九千赫声波的声呐。

栖息地：冬天生活在洞穴、阁楼、石缝里；夏天则在阁楼里或百叶窗后。

石楠花飞蛾

Ematurga atomaria

我全年都能在花园里看到石楠花飞蛾，但它非常低调，我一走近就飞走了。当它们躲在三叶草或荨麻叶中不动的话，我就是从它们身边走过也发现不了。尽管颇为常见，但我还是很喜欢它们美丽的衣裙，优雅得刚刚好。雄性的触角也长得恰到好处。简而言之，它们身上的一切都那么合适！

栖息地：有三叶草的地方。

生物学词汇

捕食者、被捕食者

在动物世界中，食物链普遍存在，一方必定是另一方的食物。捕食者既不恶，也不善，它们的行为完全由生存本能驱使。它们能有效地控制种群数量，捕食那些生病、受伤或是上了年纪的动物。当然，捕食者在食物链中也会成为被捕食者。

生物学词汇

授粉

昆虫授粉对大多数开花植物的受精来说至关重要，由此植物才能结果，才会有新生命的生根发芽、开枝散叶。如果没有昆虫，除了肉和鱼，我们应该也就只有谷物可吃了。

生物学词汇

农药

不论在战争还是和平年代，农药都源源不断地进入土壤、水源和生物中。农药的年产量已从一九三〇年的一百万吨增加到今天的四亿吨。欧盟是主要生产方，其中百分之七十二销往欧盟国家市场。它们对生物的影响各有不同，比如突然死亡、过早死亡、繁殖能力受损、畸形、免疫力下降、疾病等，这些是众所周知的。

过去几十年间，农药已经对公共卫生和生态环境造成了危害，我们早已不再质疑它的有害性。二〇一三年法国国家健康与医学研究院报告的前言中写道："几十年来，农药被广泛、长期、持续地在所有自然环境中使用。事实上有很多证据表明，即使我们停用农药，很长一段时间后人体中仍有残留。"

小斑蜻
Libellula quadrimaculata

小斑蜻身长四十至四十八毫米，真是优雅啊，细致、精巧、略带透明的翅膀上有四个斑点，仿佛是夏加尔创作的彩绘玻璃。雄性比雌性颜色更深，停在枝干上守卫着自己的领地。成虫在四月底至九月中活跃，想要拍到它们，就要在它们经常出没的地方等候，只要一等再等就可以……一只雌性小斑蜻出现在自然保护区附近，正安静地停在植物上栖息，我悄悄地拍下了它们。

栖息地：有水生植物的静水，比如池塘和湖泊。

赤狐 *Vulpes vulpes*

在我们的印象里，狡猾的赤狐是喜欢吃鸡的哺乳类动物，事实上，它们也吃兔子、昆虫的幼虫和水果。最偏爱的是田鼠等小型哺乳类动物，这就有效地控制了它们的数量。雌性赤狐每次产子三至六只，母乳喂养三至四个月。它们生活在自己挖的洞中，也会生活在獾的旧巢里。狐狸洞有多个出入口和房间，只是没有自来水和无线网络而已。这种动物被认为是有害的，因此被猎杀、诱捕、下毒……它们的生存空间越来越小。

栖息地：森林、田野、公园。

生物学词汇

繁殖

物种为了延续下去而生育新一代的过程。所有生物，不论是动物还是植物都会繁殖。在这里，我们可以看到一对优雅的豆娘正在交配，形成了一个心形。上方的雄性用尾部的抱握器牢牢地夹住雌性，保持稳定后，雌性就会弯曲身体，把腹部第八、九节推至雄性腹部第二节下方，它俩的生殖器就这样相接了。这真是个体操运动，不在一个平面里可真不容易！这种交配可能持续好几分钟，如果其间遇到什么危险，它们还会保持心形的样子一起飞到空中，多美的画面啊。

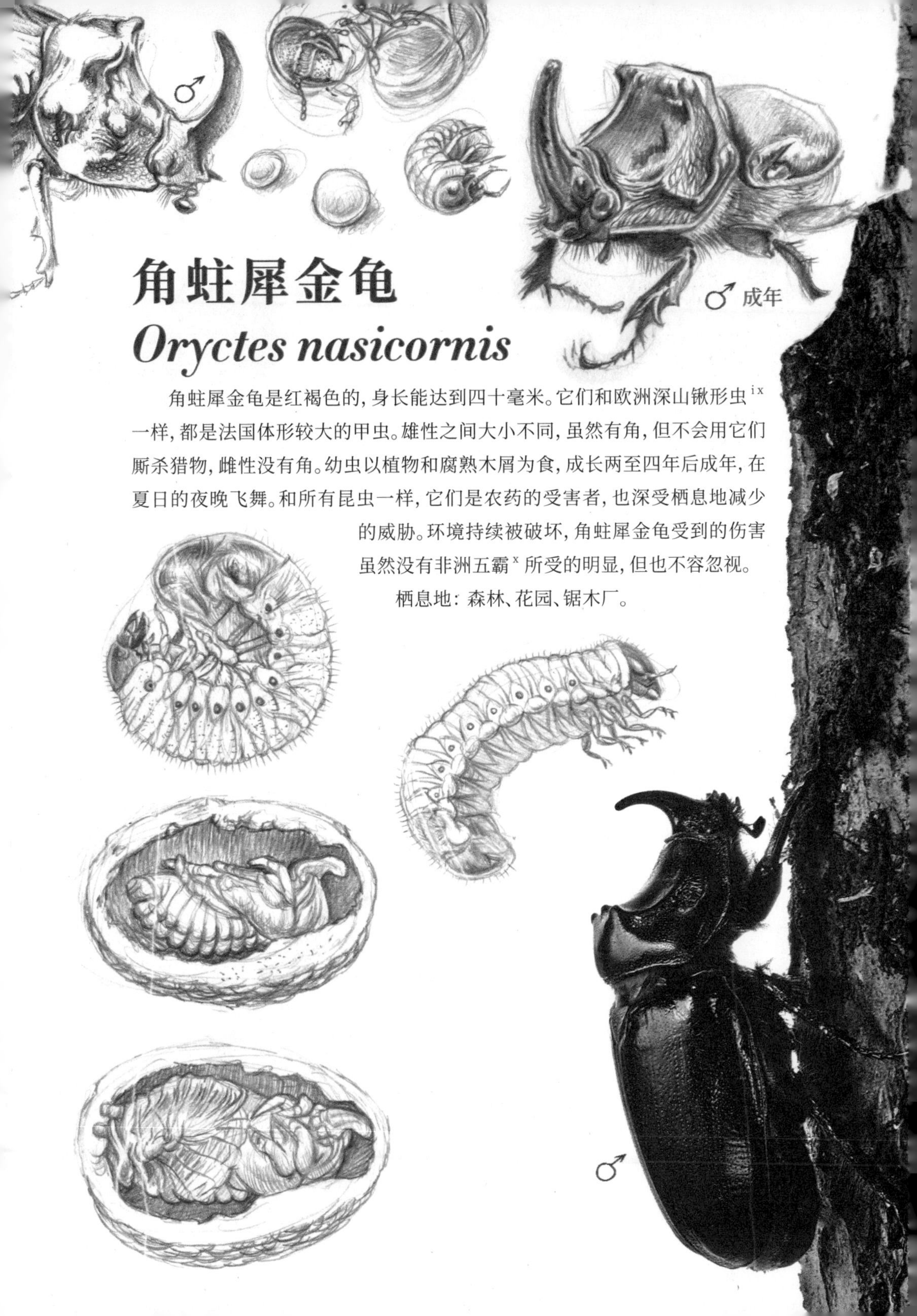

角蛀犀金龟

Oryctes nasicornis

角蛀犀金龟是红褐色的，身长能达到四十毫米。它们和欧洲深山锹形虫[ix]一样，都是法国体形较大的甲虫。雄性之间大小不同，虽然有角，但不会用它们厮杀猎物，雌性没有角。幼虫以植物和腐熟木屑为食，成长两至四年后成年，在夏日的夜晚飞舞。和所有昆虫一样，它们是农药的受害者，也深受栖息地减少的威胁。环境持续被破坏，角蛀犀金龟受到的伤害虽然没有非洲五霸[x]所受的明显，但也不容忽视。

栖息地：森林、花园、锯木厂。

白钩蛱蝶 *Polygonia calbum*

白钩蛱蝶属于蛱蝶科下的蛱蝶亚科。它们的法语俗名为“恶魔”，因为翅膀的轮廓看起来像一张脸，翅膀上小小的白色眼状斑纹像眼睛，实际上它们一点儿都不坏。翼展四十五至五十毫米，雌性比雄性稍微大一些，外表总体上差别不大。一年繁衍两代，第二代比第一代颜色更深，以成虫形态过冬。成虫取食花蜜和掉落在地的果实。寄主植物有荨麻、柳树、啤酒花、覆盆子等。就和钩粉蝶一样，白钩蛱蝶在春日的第一缕阳光照耀大地时就开始活跃了，从二三月一直到十月底都能看到它们。

栖息地：潮湿的地方、林中空地、树林边缘、果园、花园。

红眼鱼 *Scardinius erythrophathalmus*

红眼鱼身长二十至三十厘米，重二百至四百克，寿命十年。群居生活，与一同栖居、偶尔杂交的湖拟鲤长得很像。它们是杂食性鱼类，吃昆虫的幼虫、浮游生物、水生植物、无脊椎动物等。特别需要富含水生植物的环境，在受污染的水和咸水中也能生存。冬天，红眼鱼和其他物种一起在深水区中度过。

栖息地：水生植物丰富的静水。

火冠戴菊 *Regulus ignicapilla*

欧洲最小的鸟类之一。重五至七克，身高九厘米，翼展十四至十六厘米。很容易与颜色不那么鲜艳、眼睛周围有一圈儿白色的戴菊搞混。它们在植物丛中飞翔的速度很快，因此很难看清这些细节。常驻法国，主要以昆虫和蜘蛛为食。尽管偶尔飞离树枝追捕猎物，通常情况下都会捕食藏在树叶中的昆虫。

栖息地：阔叶林、混交林、茂盛的灌木丛、荒野等。

黑莓
Rubus fruticosus

黑莓是带刺的蔷薇科植物。记得好几个夏天，为了制作黑莓酱，我和我的姐妹们一起去摘黑莓。但我们摘的时候就吃了好多，搞得满手都黑乎乎的，回家时拿着空篮子叫嚷着："我们什么都没找到。"刚摘下的黑莓还带着阳光的温热，一把放进嘴里，很甜很好吃，要比妈妈做成果酱的味道更好。吃一勺果酱固然过瘾，但味道有些太浓了。不只我们喜欢这种水果，许多鸟类、啮齿动物、蝴蝶都喜欢它们。

栖息地：森林、路边、树篱。

欧亚鸲

Erithacus rubecula

这种领地意识很强的鸟儿是讨人喜欢的邻居。身强体壮，寿命能达到十八年。主要吃地上的无脊椎动物，像是昆虫的幼虫、蜗牛、蜘蛛等。在美好的春天，它们也吃浆果和其他小果实。如果冬天特别冷，我们会毫不犹豫地在它们定居的地方放置鸟食罐。自一九八一年以来，它们在法国境内就受到了充分的保护。

栖息地：森林、灌木丛、花园。

赭红尾鸲 *Phoenicurus ochruros*

赭红尾鸲身高十四厘米，寿命八年。雄性身体接近黑色，尾巴是砖红色的。雌性呈灰棕色，颜色没雄性鲜艳。随着春天的到来，雄性在我们的花园里放声高歌。有时就在屋顶上栖息，动静也不大。当然，它们最好不要碰到猫……一年之中，夏天是赭红尾鸲捕食昆虫的主要时节。它们有着像杂技演员那样高超的飞行技术，这也许和它们来自山区有关。

栖息地：悬崖、陡坡、乡野人家、农场、小棚屋、花园里的老墙。

火蝾螈 *Salamandra salamandra*

火蝾螈对捕食者有一套非常先进的防御系统,它们厚厚的皮肤里有许多腺体,能分泌一种含神经毒素——河豚毒素的黏液,一旦接触就会中毒。它们也能射出这种毒液,射程能有一米之远!对人类来说,这种毒液并没有太大危险,接触到的话仅会造成轻度灼伤。火蝾螈喜欢吃潮虫、蛞蝓、蚯蚓、蜘蛛和甲虫。冬天,它们在天然井、地窖、洞穴等潮湿的地方冬眠。如果受伤或是失去身体某个部位的话,还有再生的能力,真是个超能力者!但成年的火蝾螈不会游泳,洪水泛滥时很容易被淹死,这是它们的软肋。

栖息地:潮湿的森林。

白梭吻鲈
Sander lucioperca

较大的白梭吻鲈身长一百二十五厘米，重达十五千克。这个出色的猎手尽管体形大，吃的鱼却很小。原因很简单：它们有张小嘴。白梭吻鲈拥有超群的视力，是视觉细胞最多的脊椎动物。它们的视网膜和猫头鹰很接近，因此能够不分昼夜地狩猎，即便是在污浊的水中也同样如此。

栖息地：含沙的大型缓流、湖泊、池塘。

野猪 *Sus scrofa*

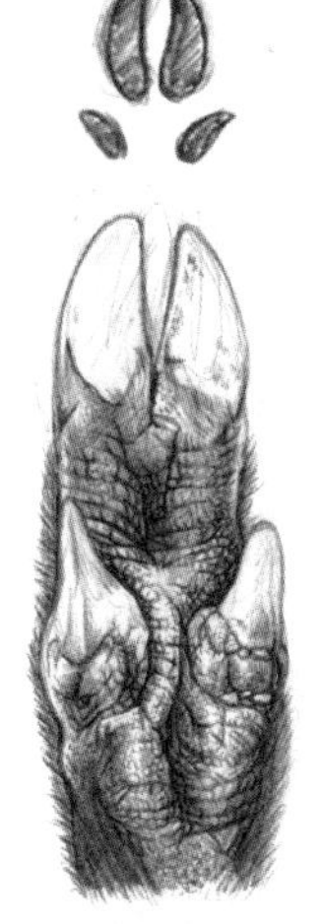

法国阿登[xi]的象征，在欧洲其他地方也经常能看到它们的身影。它们是那些高速驾驶的粗心司机的“好朋友”，尤其是在雾气蒙蒙的夜里……黑色的野猪很威风，身高六十至一百一十五厘米，身长一百一十至一百八十厘米。昼夜结伴散步，在土地里寻找着植物的根、块茎和昆虫的幼虫。上了年纪的雄性野猪独自生活，小野猪颜色较浅，身上带有白色条纹。

栖息地：阔叶林、混交林、田野、草甸。

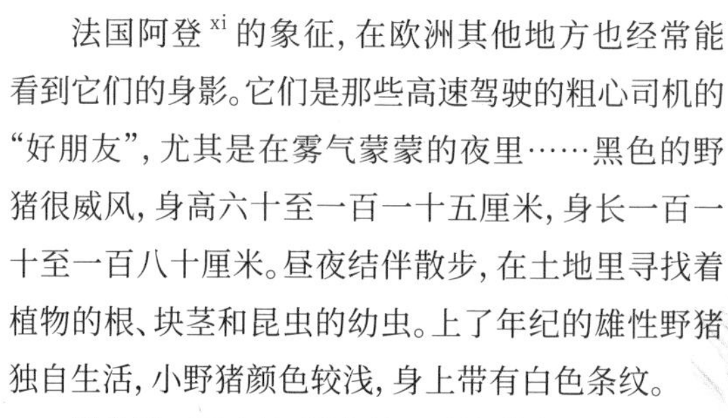

绿丛螽斯
Tettigonia viridissima

绿丛螽斯又大又绿，你说这逻辑有什么错？但确实错了，因为这种螽斯有时是淡棕色的。它们是法国最大的螽斯，和蟋蟀组成了著名的歌唱组合。它们会飞，但更喜欢跳……不分昼夜地狩猎，但一点儿也不凶猛，不过抓在手里被它们咬伤的话也会很疼。雌性独自产卵，腹部有长长的产卵管，以便将卵产在地面之下。雄性则没有产卵管，所以很好辨认。以前十分常见，现在由于农田扩张、栖息地减少，它们的数量大大减少。

栖息地：草甸、树林边缘、花园。

斑点灌木螽斯
Leptophyes punctatissima

斑点灌木螽斯属于直翅目的螽斯科，被精心梳理的长触角要比身体长四倍，雌性有一个又宽又扁、向上翘起的产卵管，因此很好辨认。成虫在七月至十一月活跃。喜热，经常待在阳光明媚的地方。草食性昆虫，吃玫瑰、覆盆子、三叶草等。这种小螽斯歌声的频率是三十至四十千赫，而人类听力的极限是二十千赫。因此，我们可以用超声波探测器来盘点这一物种的数量。

栖息地：树林边缘、灌木丛、花园。

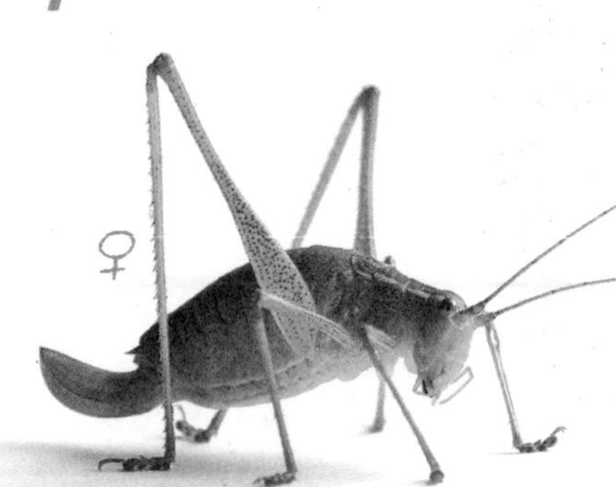

透翅蛾 *Synanthedon vespiformis*

透翅蛾翅展十九至二十七毫米。幼虫阶段长达两年，生活在老橡树的根部，我们偶尔也会在榆树和白蜡树的根部发现它们。成虫在五月至八月活跃，有很强的拟态能力。它们本身是一种没有攻击力的飞蛾，但能模仿有攻击力的黄蜂，因此无须花费什么力气就能吓跑捕食者。它们没有穿着哈利·波特那样的隐形斗篷，而是使用了强大的拟态技巧，能模仿得非常真实。

栖息地：森林、林中空地、公园。

欧鲶 *Silurus glanis*

自二十世纪以来，关于欧鲶的传说就接连不断，甚至有人说它们会吃小孩！这种鱼身长能达到两米，重量超过一百千克，令人印象深刻。独居，喜暗避光，在夜间狩猎，以鲂鱼、鲤鱼、鲌鱼为食，但也吃鲇形目和螯虾。尽管它们很重，但也不是我们想象中的食人魔，每天吃四百八十五至八百一十四克，其实也就是一两条鲂鱼的量。基本上没有进攻性，除非在产卵期它们的巢穴受到威胁。小欧鲶是白斑狗鱼的食物。

栖息地：河流、湖泊、池塘、砾石滩。

赭带鬼脸天蛾

Acherontia atropos

啊!这个海盗的背上带着标志!它们掠夺花蜜,不放过任何能强行钻进去的蜂巢,用短粗短粗的尖头鼻子刺穿封盖,取食它们最喜欢的赃物——蜜。成虫四月至八月在欧洲活跃,一年繁衍两代。第一代出生不久后就飞往非洲。幼虫一直都在吃,我们经常在女贞属植物和土豆上发现它们的身影。

栖息地:随季节迁徙,生活在寄主植物、树篱、花园、田野中。

小叶椴天蛾
Mimas tiliae

几乎无处不在的小叶椴天蛾翼展六十至八十毫米，外表变化多端，雄性通常比雌性体形更小，颜色更鲜艳。成虫在四月至九月活跃，不进食，生命很短，所以它们最操心的事就是找到理想伴侣以繁衍后代。交配在成年后不久就发生，一年繁衍一代。寄主植物有橡树、榆树、桦树、桤树、桑树和李属植物，尤其喜欢椴树。雌性直接在这些寄主植物的叶子上产卵。幼虫独居，像猛犸象一样，树下的粪便会出卖它们的踪迹。第二年春天，它们就成年了。

栖息地：哪儿有它们的寄主植物，哪儿就有它们的存在。

棕黑线蛱蝶
Limenitis reducta

棕黑线蛱蝶属于蛱蝶科下的线蛱蝶亚科，翼展约五十毫米。一年繁衍一代。幼虫以金银花为食，以丝制蛹的形态过冬。成虫在六月中至八月中活跃，和小红帽一样喜欢在林子里转悠。有时停在荆棘花上，多数时间更喜欢树汁和粪便。和柳紫闪蛱蝶一样，它们需要生活在优质的自然森林里，远离耕地。野生杨树的减少对它们来说是一种威胁。

栖息地：阳光明媚的空地、凉爽而潮湿的地方、混合林边缘。

泥污赤蜻
Sympetrum meridionale

泥污赤蜻身长三十五至四十毫米。很容易区分雄性和雌性，因为雄性是红色的，雌性则是黄色的。但不容易区分它们和经常与之共存的细纹赤蜻，两者相比，泥污赤蜻的数量更少。成虫在六月初至十月中活跃，生活在水生植物丰富的环境里。这种南部的蜻蜓飞得很高，我经常在家附近的池塘看到好几只一起飞舞、狩猎。

栖息地：静水、浅水滩、阳光明媚的池塘。

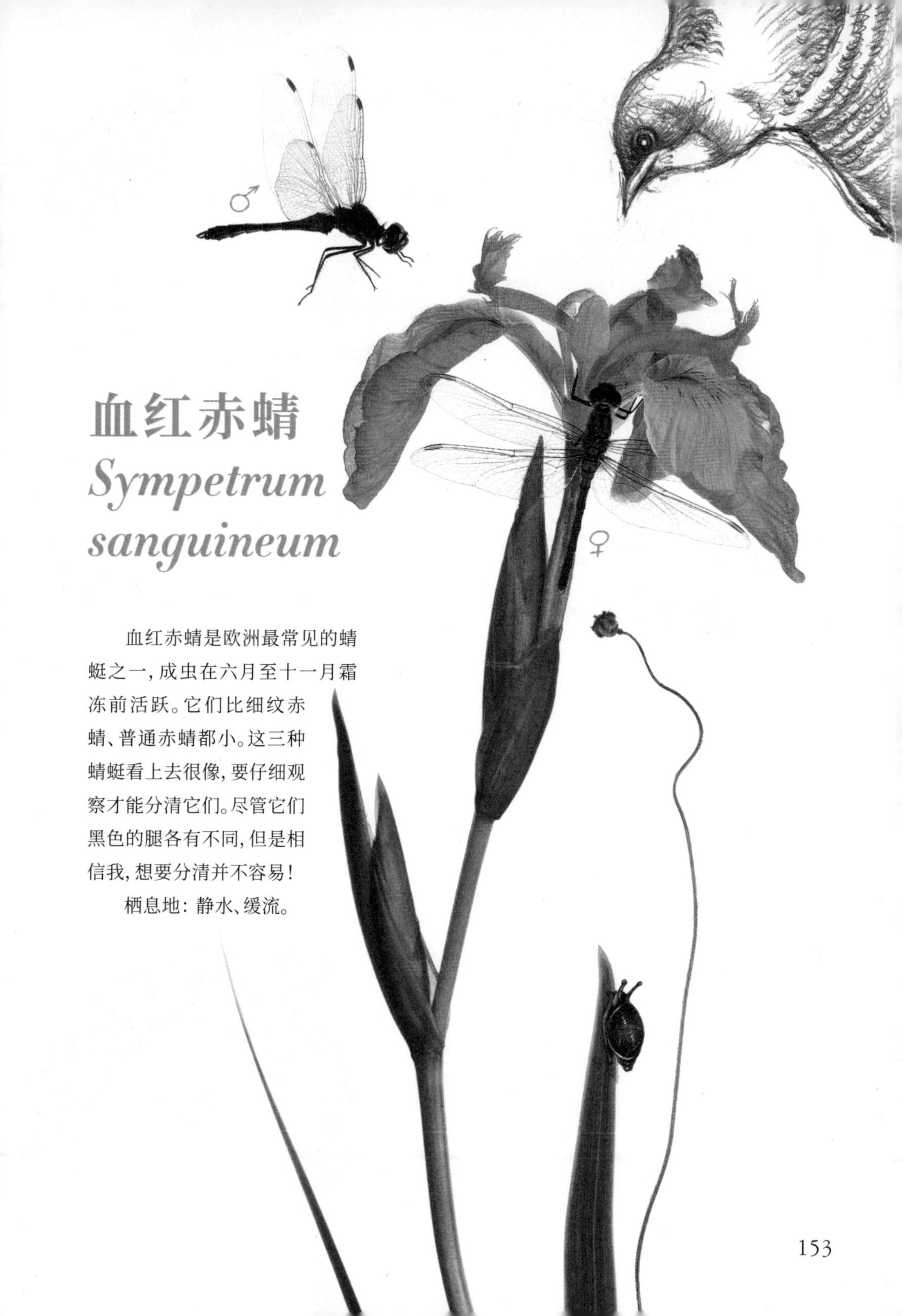

血红赤蜻
Sympetrum sanguineum

血红赤蜻是欧洲最常见的蜻蜓之一，成虫在六月至十一月霜冻前活跃。它们比细纹赤蜻、普通赤蜻都小。这三种蜻蜓看上去很像，要仔细观察才能分清它们。尽管它们黑色的腿各有不同，但是相信我，想要分清并不容易！

栖息地：静水、缓流。

细纹赤蜻 *Sympetrum striolatum*

细纹赤蜻比血红赤蜻大，两者共享领地。黑色的腿上有黄色条纹，我们能以此辨别出它们来。这种蜻蜓尽管更喜欢静水，但有时也会出现在河流附近。

栖息地：温暖、较浅的静水。

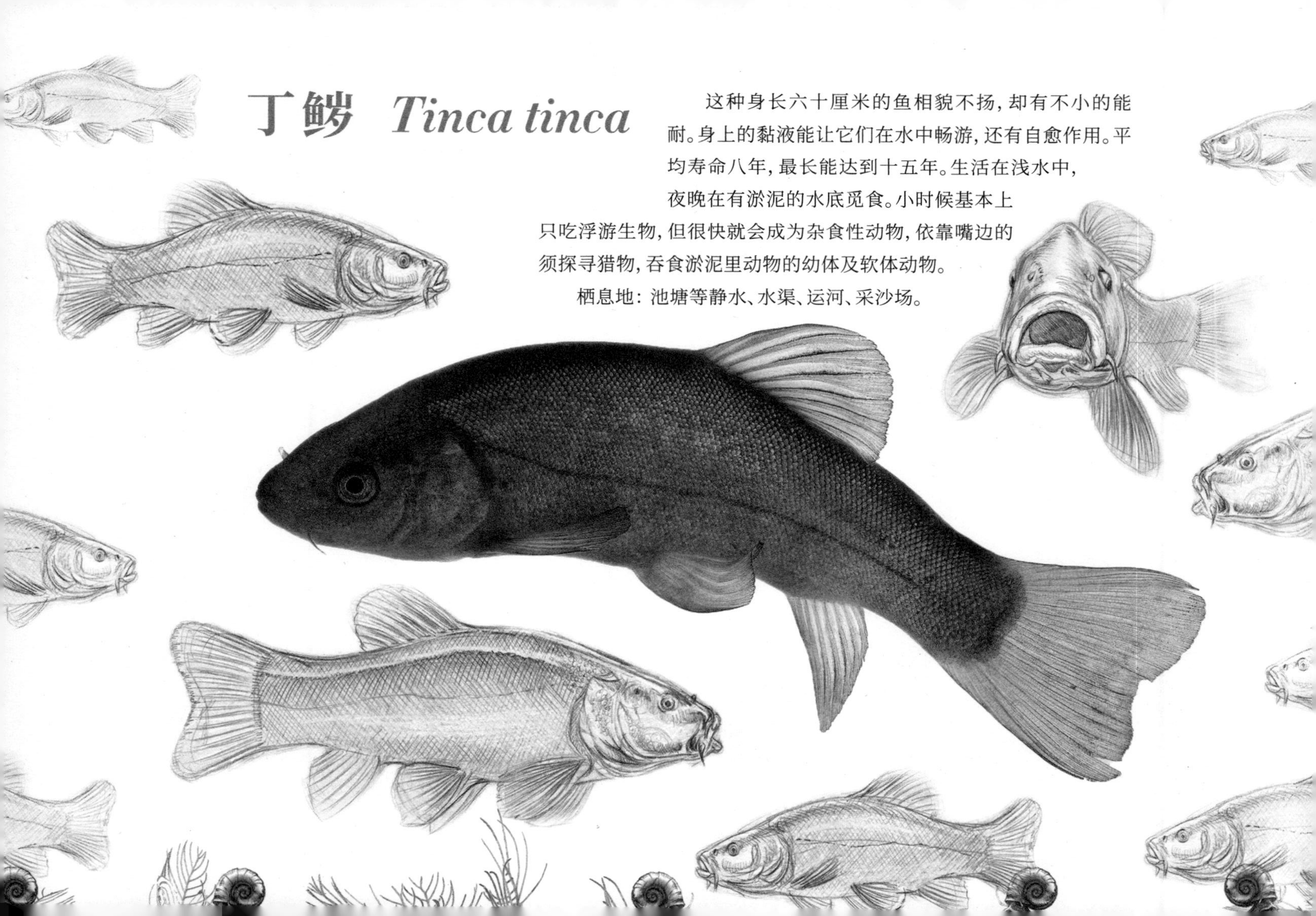

丁鲹 *Tinca tinca*

这种身长六十厘米的鱼相貌不扬，却有不小的能耐。身上的黏液能让它们在水中畅游，还有自愈作用。平均寿命八年，最长能达到十五年。生活在浅水中，夜晚在有淤泥的水底觅食。小时候基本上只吃浮游生物，但很快就会成为杂食性动物，依靠嘴边的须探寻猎物，吞食淤泥里动物的幼体及软体动物。

栖息地：池塘等静水、水渠、运河、采沙场。

生物学词汇

交联飞行

这是一对双双飞舞的小豆娘。在蜻蜓目中，交配前，雄性用尾部的抱握器夹住雌性头部后方。交配时，它们先一起飞一阵儿，然后停在植物上悬空摆出一个心形。交配后，一些豆娘还会串联在一起飞一阵儿。当雌性在水上或水下产卵时，雄性支撑着它们。

♂

♀

多声虻

Tabanus bromius

♀

欧洲最小的虻之一，身长十三至十五毫米。成虫在五月至九月间活跃。这种粗野的双翅目昆虫有着厉害的口器，常在水边野餐，所以我们很容易在那里被蜇，感到刺痛时已经太迟了。实际上，只有雌性以血液为食，雄性则以花蜜为食。在打它们之前观察一下，就会注意到它们漂亮的眼睛上横跨着一条深色的带状纹路。

栖息地：牧场、有少量树木的地方。

生物学词汇

蝌蚪

蟾蜍、青蛙、树蛙等无尾目动物的幼体。想要顺利成年，需要不少的好运……

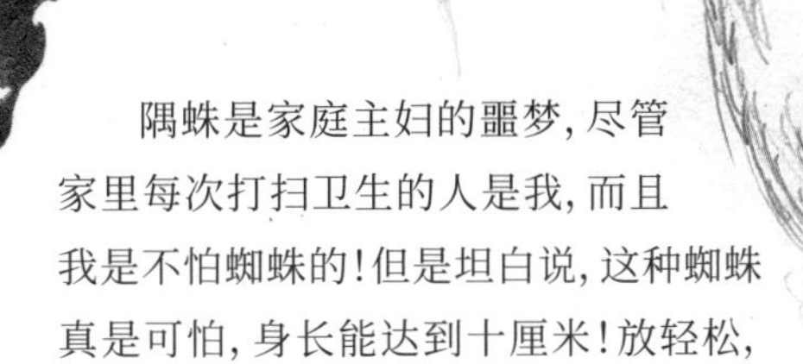

隅蛛是家庭主妇的噩梦，尽管家里每次打扫卫生的人是我，而且我是不怕蜘蛛的！但是坦白说，这种蜘蛛真是可怕，身长能达到十厘米！放轻松，这包括了腿的长度。其实，它们来到我们的住处是为了帮忙调节昆虫的数量，并不是要跳到我们的脖子上。看电影时偶尔也能看到它们爬过，于是，我的未婚妻凯茜睁大眼睛尖叫、抓紧自己的衣服，这个场面也实在很有气氛。不过，这个看上去像狼蛛的可怕家伙并不会造成任何危害，只是可怜了我的耳膜。体形庞大的它们并不好战，更倾向于缩起八条腿逃跑，不与我们发生正面冲突。它们的捕食者主要是家里的拖鞋……

栖息地：住宅、车库，跟我们住在一起。

隅蛛
Tegenaria duellica

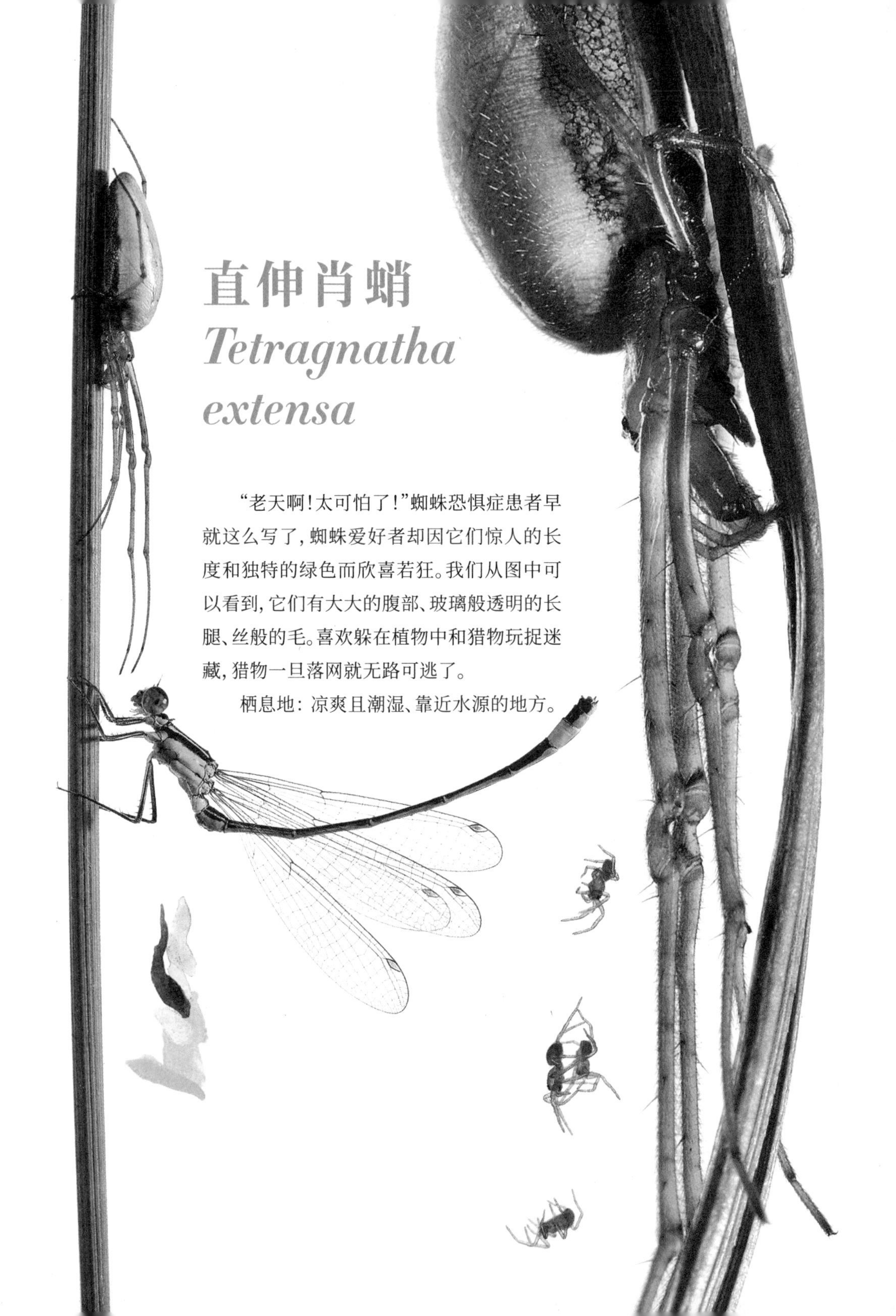

直伸肖蛸
Tetragnatha extensa

"老天啊！太可怕了！"蜘蛛恐惧症患者早就这么写了，蜘蛛爱好者却因它们惊人的长度和独特的绿色而欣喜若狂。我们从图中可以看到，它们有大大的腹部、玻璃般透明的长腿、丝般的毛。喜欢躲在植物中和猎物玩捉迷藏，猎物一旦落网就无路可逃了。

栖息地：凉爽且潮湿、靠近水源的地方。

石蛾
Trichoptera sp.

只要有石蛾的地方，不论是成虫还是幼虫，都意味着那里的水质很好，所以石蛾常被用来判断某地的生态系统是否良好。我对自己家的池塘生态就很放心，因为有不少石蛾。这种昆虫还是造就杰作的艺术家！幼虫为了给自己造个窝，把水底的植物碎屑、碎石和贝壳都收集起来，然后进行组装。真是个地道的水底跳蚤市场专家！

栖息地：水质良好的池塘、湖泊、河流。

红车轴草
Trifolium pratense

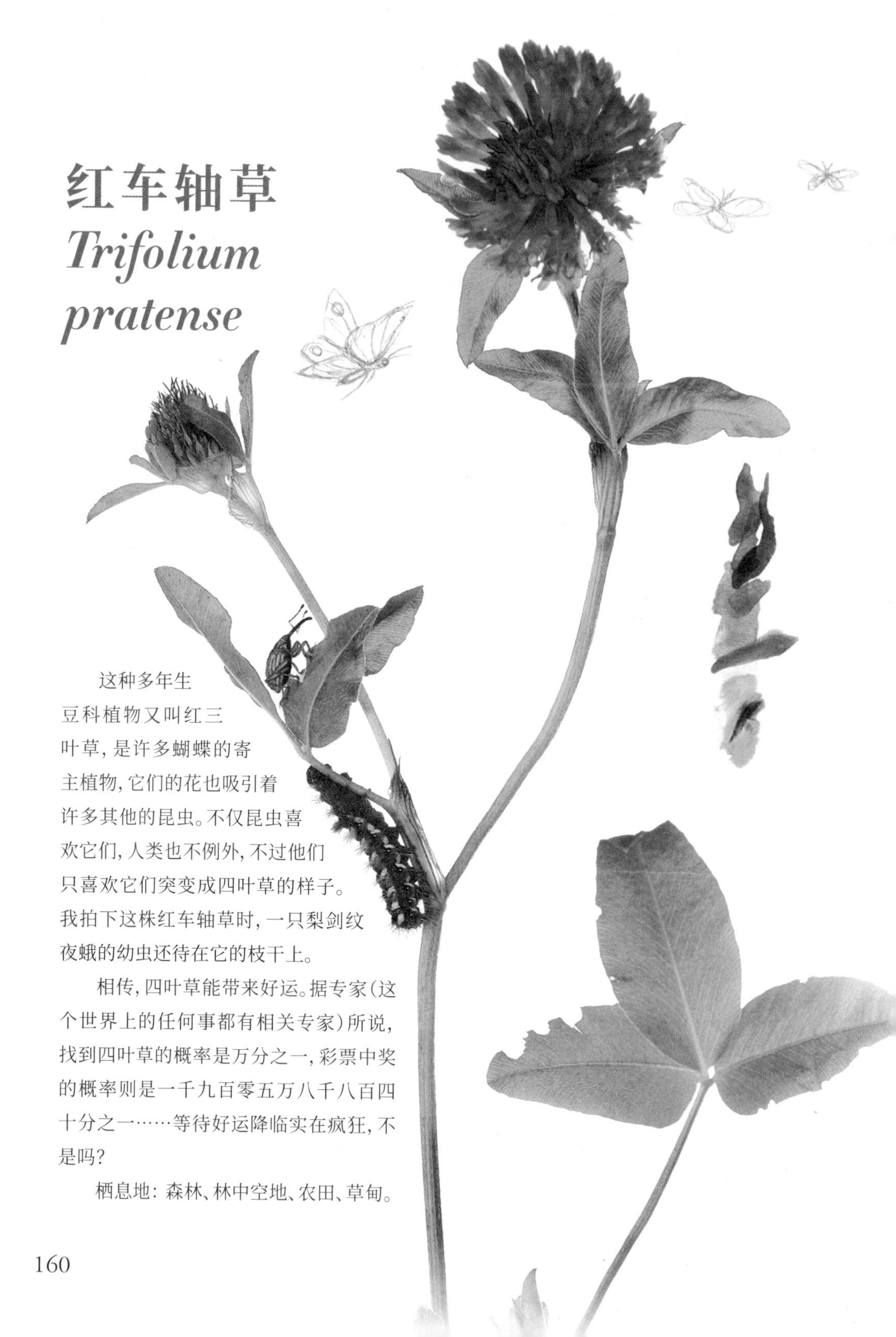

这种多年生豆科植物又叫红三叶草，是许多蝴蝶的寄主植物，它们的花也吸引着许多其他的昆虫。不仅昆虫喜欢它们，人类也不例外，不过他们只喜欢它们突变成四叶草的样子。我拍下这株红车轴草时，一只梨剑纹夜蛾的幼虫还待在它的枝干上。

相传，四叶草能带来好运。据专家（这个世界上的任何事都有相关专家）所说，找到四叶草的概率是万分之一，彩票中奖的概率则是一千九百零五万八千八百四十分之一……等待好运降临实在疯狂，不是吗？

栖息地：森林、林中空地、农田、草甸。

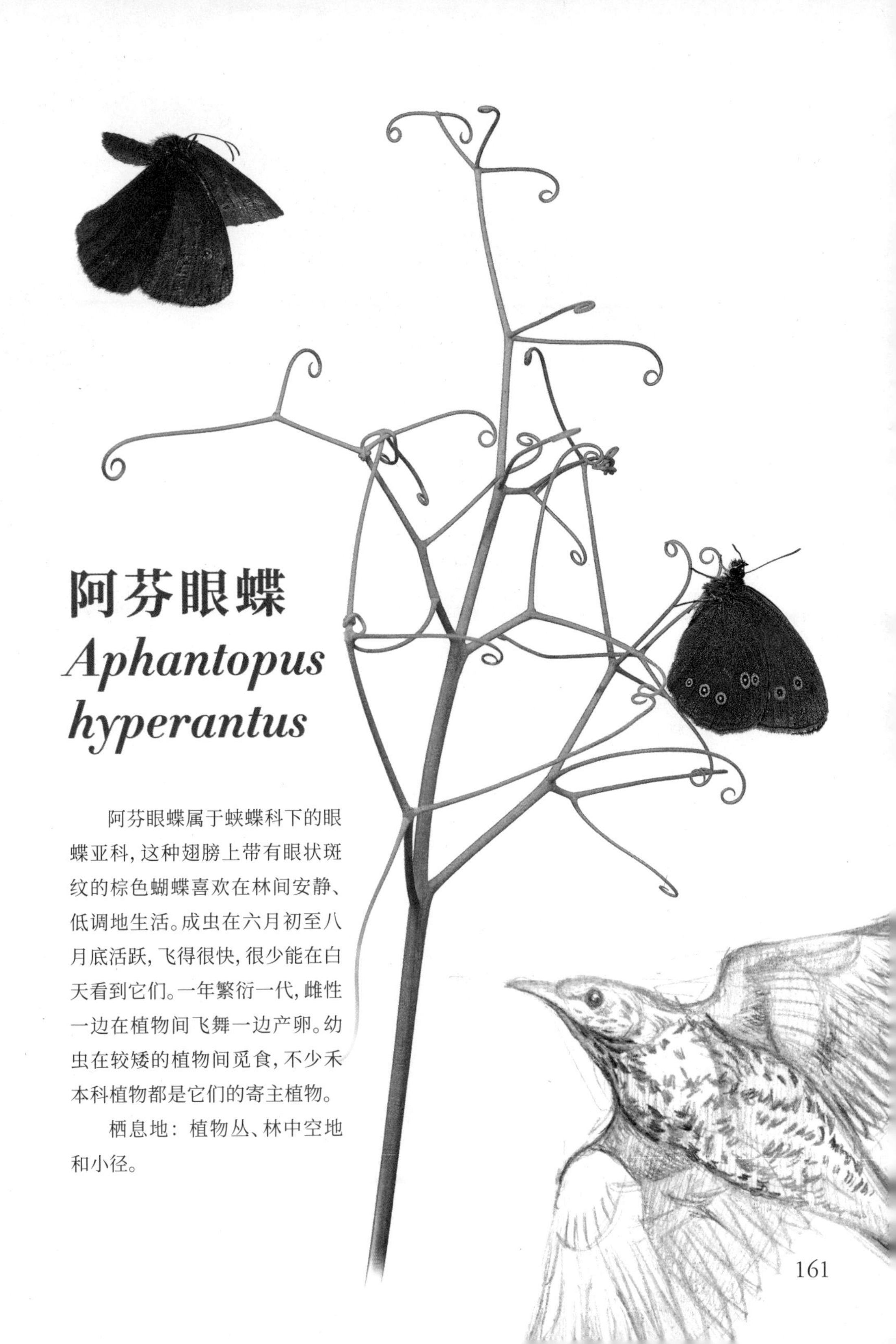

阿芬眼蝶
Aphantopus hyperantus

阿芬眼蝶属于蛱蝶科下的眼蝶亚科，这种翅膀上带有眼状斑纹的棕色蝴蝶喜欢在林间安静、低调地生活。成虫在六月初至八月底活跃，飞得很快，很少能在白天看到它们。一年繁衍一代，雌性一边在植物间飞舞一边产卵。幼虫在较矮的植物间觅食，不少禾本科植物都是它们的寄主植物。

栖息地：植物丛、林中空地和小径。

高山欧螈

Ichthyosaura alpestris

雄性身长能达到约八厘米，雌性比雄性大一半。以昆虫、蚯蚓、蝌蚪为食。在繁殖期，它们的性特征显现，雄性的背脊微微隆起，颜色也会变得更加鲜艳，交配从而拉开序幕。值得一提的是，成年欧螈每年都会回到水里繁殖，生境破碎化对它们造成的威胁尤为明显：和青蛙、蟾蜍一样，它们往往必须穿过一条路才能重返往常栖息的水域。

栖息地：潮湿、有池塘的森林。

欧洲滑螈

Lissotriton vulgaris

以蚯蚓、蜗牛、昆虫和节肢动物为食的夜行性动物。和高山欧螈一样在水里繁殖，其间身体上会有很多变化。

栖息地：森林边缘、公园、花园、流水。

蚯蚓 *Lumbricus terrestris*

这种身体柔软的无脊椎动物由大约一百五十个环节组成。嘴在第二节，肛门则在最后一节。因为它们能松土、促进土壤的混合，所以是花园和其他环境中的好帮手。蚯蚓不会游泳，但能穿过小池塘或沟渠。如果被切成两半，并不一定能重新长成两条蚯蚓。可能一半死亡，另一半能存活的概率也不大。猎捕它们的动物很多：鸟类、鼩鼱、刺猬、獾、蜥蜴、两栖类动物、人类小孩……

栖息地：森林、树林、农田、草甸。

摇蚊 *Chironomidae*

有时我们会把摇蚊和蚊子搞混。红色的摇蚊幼虫是过滤器，吃水中悬浮的碎屑，是鱼类和两栖类动物的美餐。它们的蛹在水中漂荡，依靠奇特的鳃呼吸。成虫则是鸟类的食物。

栖息地：哪儿有静水，哪儿就有它们的存在。

红天蛾 *Deilephila elpenor*

红天蛾是法国现存的二十五种天蛾科昆虫之一。我第一次发现它们时，它们就停在我家的门上。这种漂亮的夜行性飞蛾体态优雅、颜色绚烂。在法国，它们有一个俗称——猪，因为它们是粉红色的吗？不，因为它们幼虫的面孔看起来很像猪。幼虫以藤本植物为食，但我们也能在猪殃殃、柳叶菜、倒挂金钟上看到它们。蛹在树叶下或地面上过冬。成虫在五月至六月活跃，数量众多、活跃时间短，在傍晚时分觅食。

栖息地：森林、花园、开阔的地方。

优红蛱蝶

Vanessa atalanta

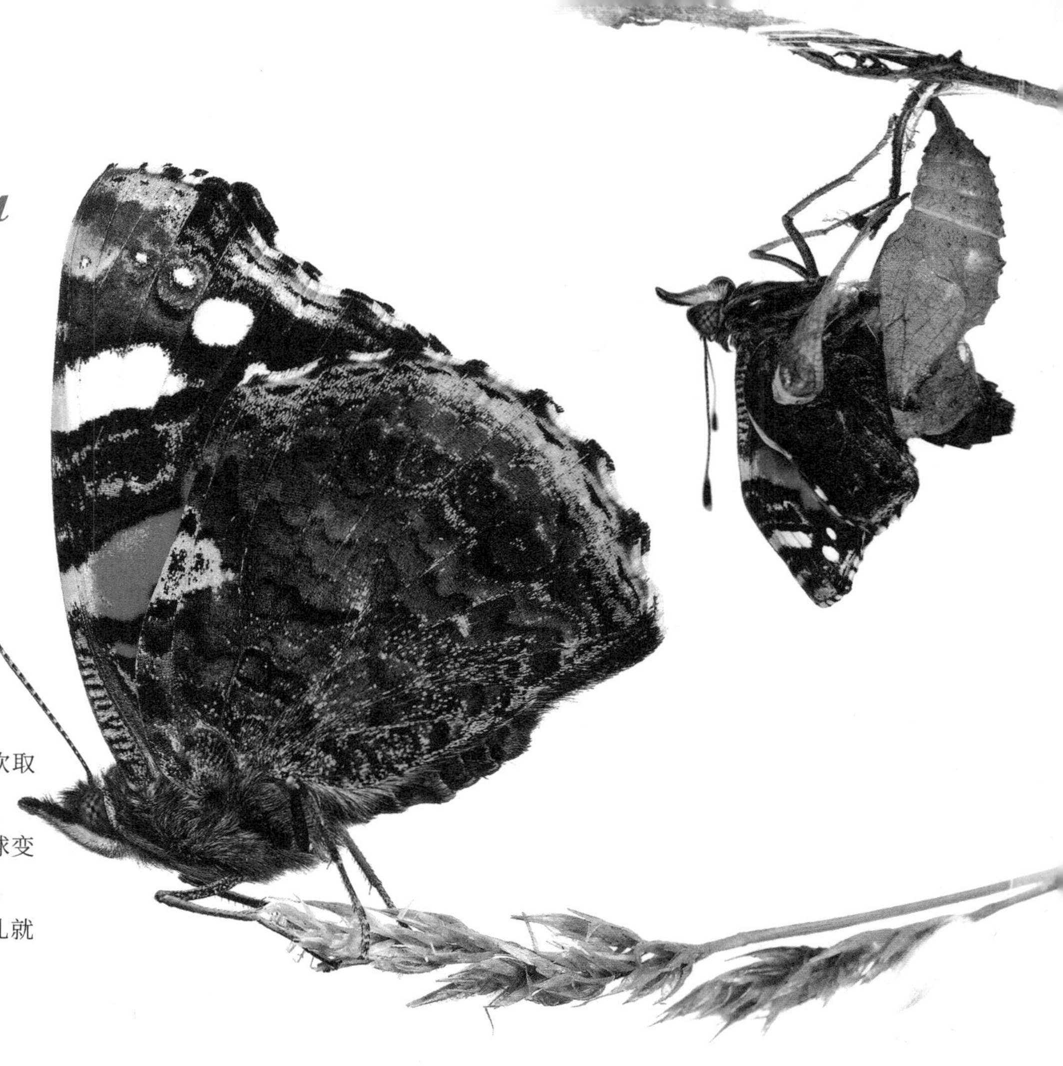

优红蛱蝶和小红蛱蝶一样，属于蛱蝶科下的蛱蝶亚科。翅展五十至六十毫米。翅膀闭合时会隐没在树叶中，翅膀张开则显现出高调的橙红色。一年繁衍两代，幼虫以扎人的荨麻为食。成虫在三月至十一月活跃，喜欢取食掉落在地的成熟果实的汁水。它们本是法国北部的迁徙性蝴蝶，但如今因为全球变暖，冬天比较温暖，它们也开始在多处过冬。

栖息地：哪儿有它们的寄主植物，哪儿就有它们的存在。

真鲅 *Phoxinus phoxinus*

真鲅身长四至十厘米，有时能长到十四厘米，平均八厘米左右。我们知道鱼的一生都在长个头，这种鱼可以持续生长五年。杂食性动物，以植物碎屑、蚯蚓、小型甲壳类动物、鱼苗、昆虫的幼虫为食，尤其是之前提到过的摇蚊、石蛾和蜉蝣，它们同时也是许多其他鱼类的猎物。喜欢待在含氧量高、偏寒冷的水里，以小群体的方式生活在一起。

栖息地：溪流、砾石床河流、湖泊。

蓝紫木蜂 *Xylocopa violacea*

蓝紫木蜂是膜翅目的蜜蜂。之所以被称为木蜂，是因为它们能在橡树上挖出一个巢穴来安顿幼虫。但它们绝不是蛀虫，而以花蜜为食。这种蜜蜂威风凛凛，在花丛中飞舞时声音很大，一边进食一边授粉。雌性有刺，但并没有攻击性。

栖息地：花朵盛开的草地、路堤、路边。

醋栗尺蛾 *Abraxas grossulariata*

醋栗尺蛾是尺蛾科的夜行性飞蛾。成虫翅展三十五至四十毫米，在五月活跃，一年繁衍一代。幼虫以山楂、醋栗、黑刺李和卫矛为食，然后冬眠。蛹是黑黄相间的，以几根丝固定在植物上。

栖息地：花园、草地、树篱、森林边缘。

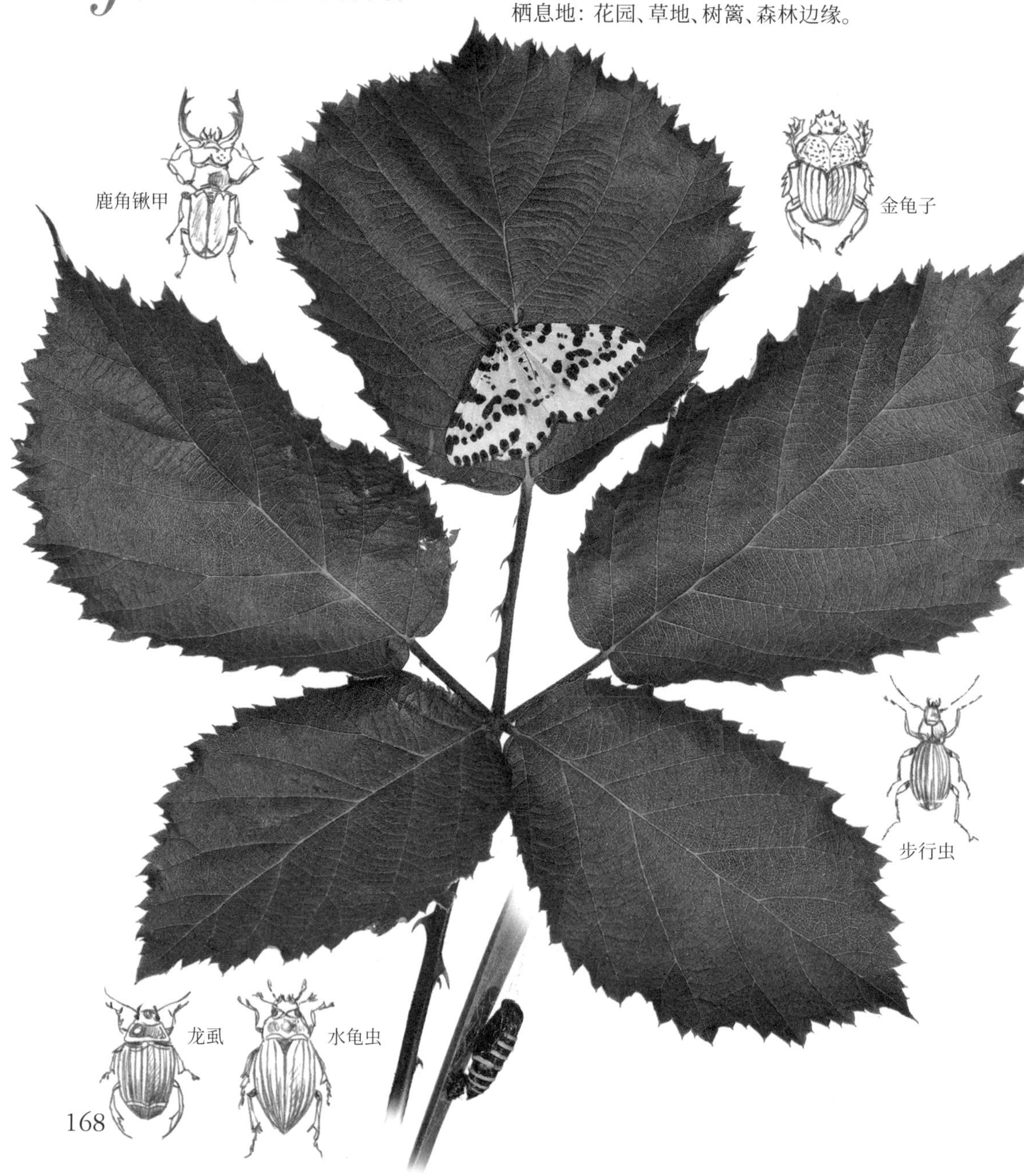

六星灯蛾 *Zygaena filipendulae*

来！我们用一只高贵的飞蛾结束本书。六星灯蛾，我喜欢这个名字。对我来说，哪儿有六星灯蛾，哪儿就有快乐。但要注意的是，我们之前已经说过，在大自然中红色代表危险，我们这位朋友也不例外。当它们受到攻击时，会分泌出含氰化物的液体。幼虫喜欢三叶草和豆科植物，比如百脉根。成虫喜欢田野孀草，在五月底至九月间活跃。

栖息地：花朵盛开的草地、路堤、路边。

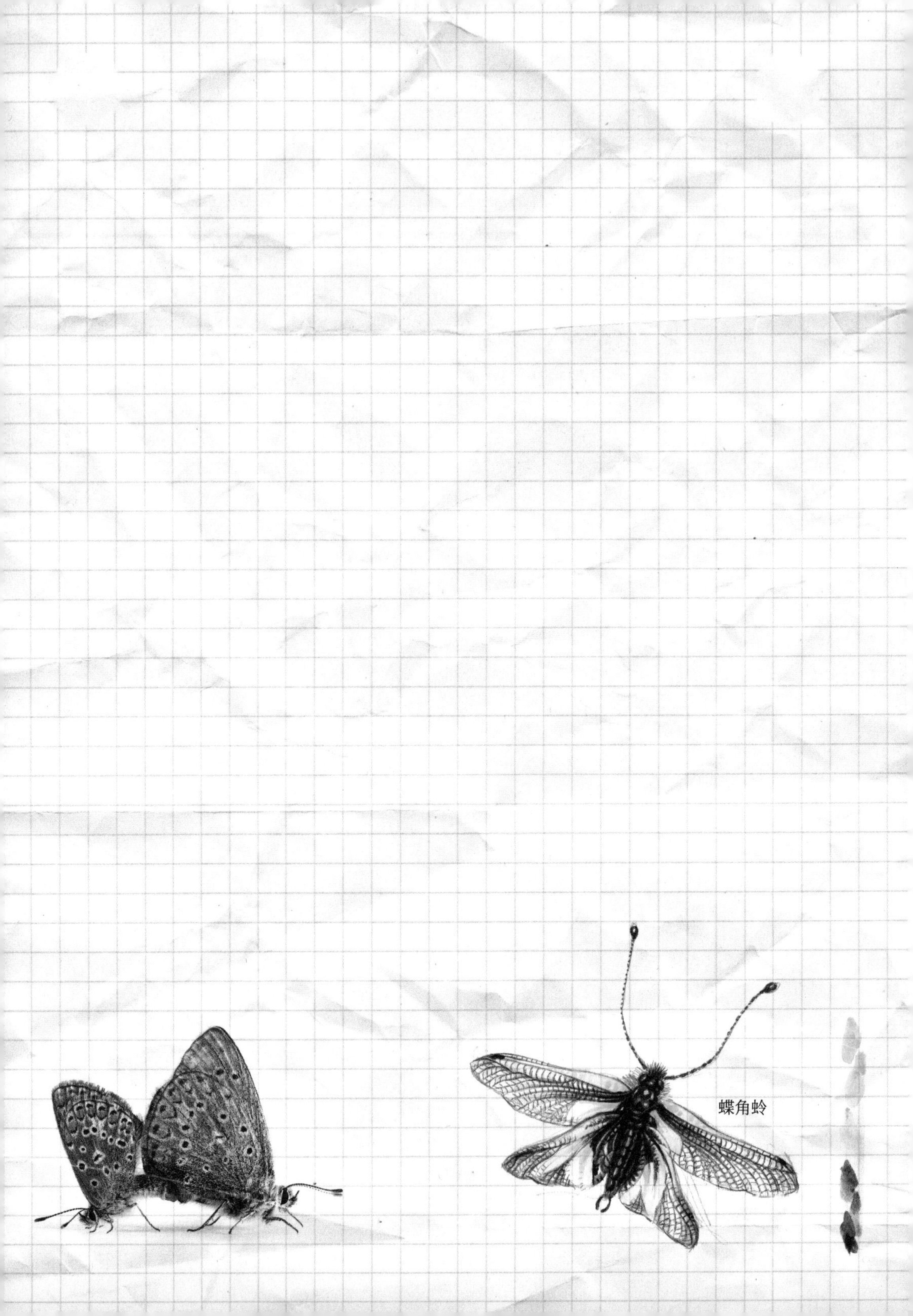
蝶角蛉

Dès que l'osmie a trouvé une coquille utilisable, elle la recouvre d'une sorte d'enduit fait de fragments de feuilles collés avec de la salive et qui serviront de revêtement d'accroche au camouflage définitif.
②
marcello
① l'abeille commence par chercher une coquille abandonnée d'escargot de taille moyenne. Puis elle se glisse dessous pour vérifier qu'elle peut facilement la faire tourner.
⑥ ciment végétal
osmia bicolor transportant du "ciment végétal" pour construire une cloison et celer la coquille hermétiquement pour la protéger des prédateurs.
④ osmia bicolor apportant du pollen dans la coquille.
③ Elle visite des centaines de fleurs à la recherche de nectar et de pollen.
⑤
Pendant quelques jours la nymphe reste entièrement blanche, puis les yeux deviennent roses et leur couleur ne cesse de s'assombrir.
⑧
L'osmie est remarquablement douée pour le transport des brindilles en vol, qui pour elle ont la taille d'une poutre.
⑦
L'osmie creuse pour enfouir la coquille, elle se débarrasse de la terre en vol.
Sur le dos, l'osmie tourne la coquille par des mouvements rapides de pattes.

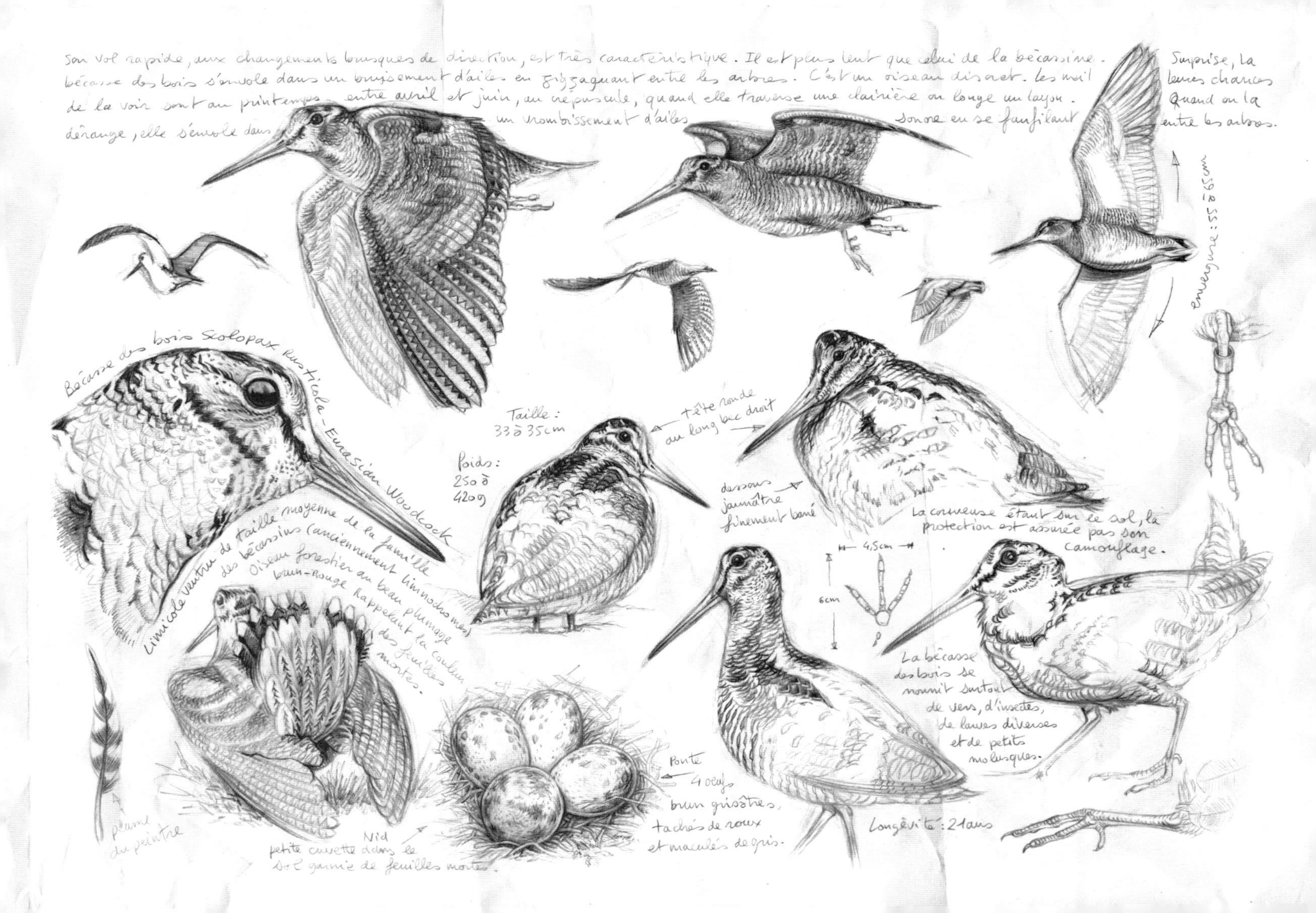

Son vol rapide, aux changements brusques de direction, est très caractéristique. Il est plus lent que celui de la bécassine. Surprise, la
bécasse des bois s'envole dans un bruissement d'ailes en zigzaguant entre les arbres. C'est un oiseau discret. Les meilleures chances
de la voir sont au printemps, entre avril et juin, au crépuscule, quand elle traverse une clairière ou longe un layon. Quand on la
dérange, elle s'envole dans un vrombissement d'ailes sonore en se faufilant entre les arbres.
envergure : 55 à 65cm
Bécasse des bois Scolopax rusticola – Eurasian Woodcock
Limicole ventru de taille moyenne de la famille des bécassins (anciennement limnodromes)
Oiseau forestier au beau plumage brun-rouge rappelant la couleur des feuilles mortes.
Taille : 33 à 35cm
Poids : 250 à 420g
tête ronde au long bec droit
dessous jaunâtre finement barré
La couveuse étant sur le sol, la protection est assurée par son camouflage.
4,5cm
6cm
La bécasse des bois se nourrit surtout de vers, d'insectes, de larves diverses et de petits mollusques.
Ponte 4 œufs brun grisâtres, tachés de roux et maculés de gris.
Longévité : 21ans
Nid petite cuvette dans le sol garnie de feuilles mortes.
plume du peintre

Puisque l'écureuil n'hiberne pas, il en profite pour jouer les fourmis et entasser à différents endroits toute une provision de glands, graines de conifères, champignons, insectes, escargots et pourquoi pas quelques œufs d'oiseaux chapardés.

Sédentaire, territorial, il marque son territoire en urinant sur son nid et les branches alentour ou en déposant des sécrétions grâce aux glandes à odeur qu'il possède autour de la bouche. On trouvera l'écureuil roux en Europe et en Asie, de préférence dans les forêts de conifères. Hélas il se raréfie, et a même disparu du fameux Regent's Park à Londre, depuis 1942, évincé par l'écureuil gris d'Amérique centrale introduit par l'homme, et qui, plus gros, plus robuste et plus gourmand, a proliféré au détriment de l'écureuil roux.

来画一只不会跳的青蛙吧!
1
2
Grenouille verte/
grenouille comestible
(Pelophylax Kl.
esculentus)
3
orénie bleue
(oreina coerulea)
4

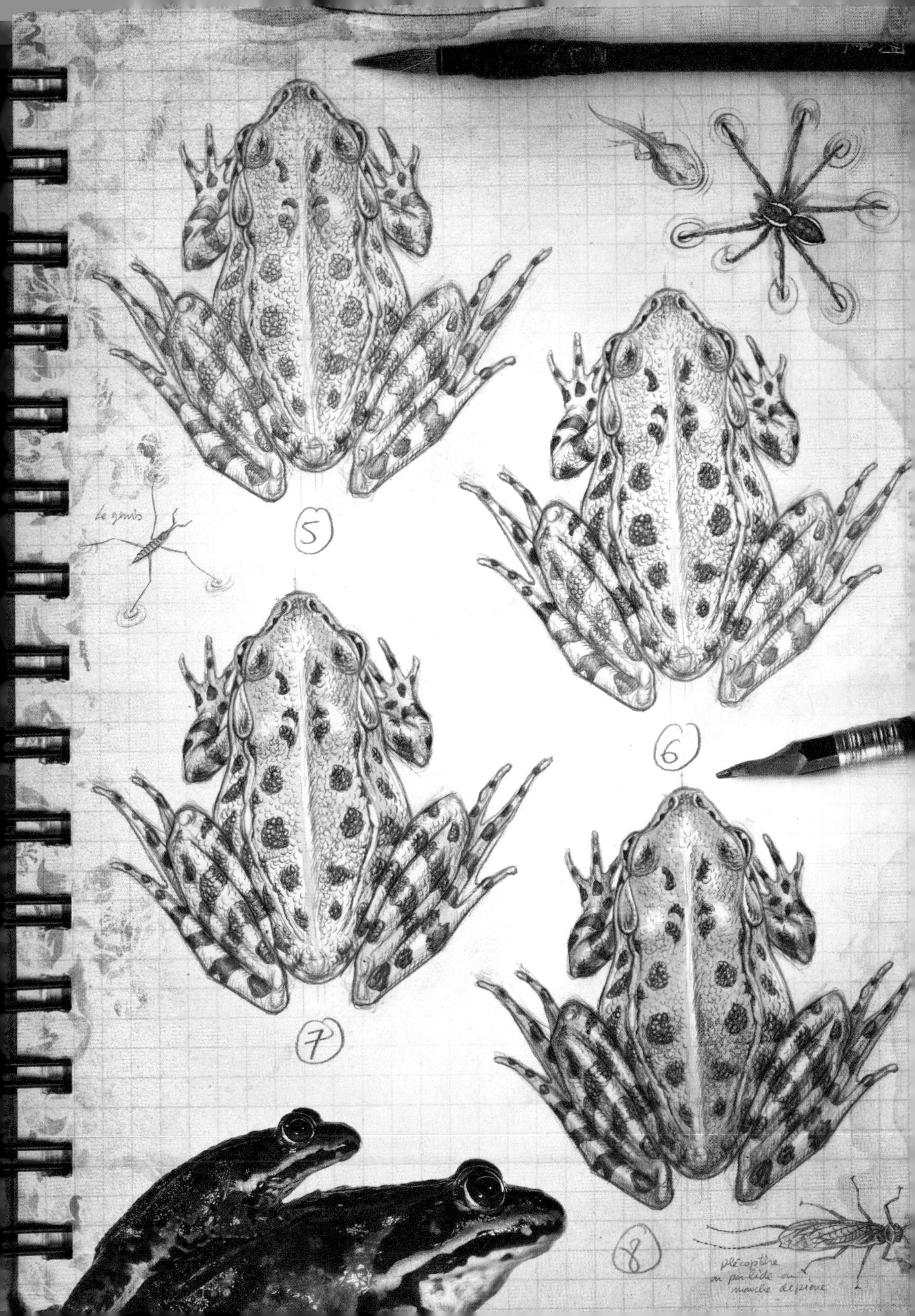
5
Le gerris
6
7
8
plécoptère
ou perlide ou
mouche de pierre

Synema globosum
Thomisidae
Araignée Napoléon
Hoplia coerulea
9
cétoine dorée,
ou hanneton
(cetonia aurata)

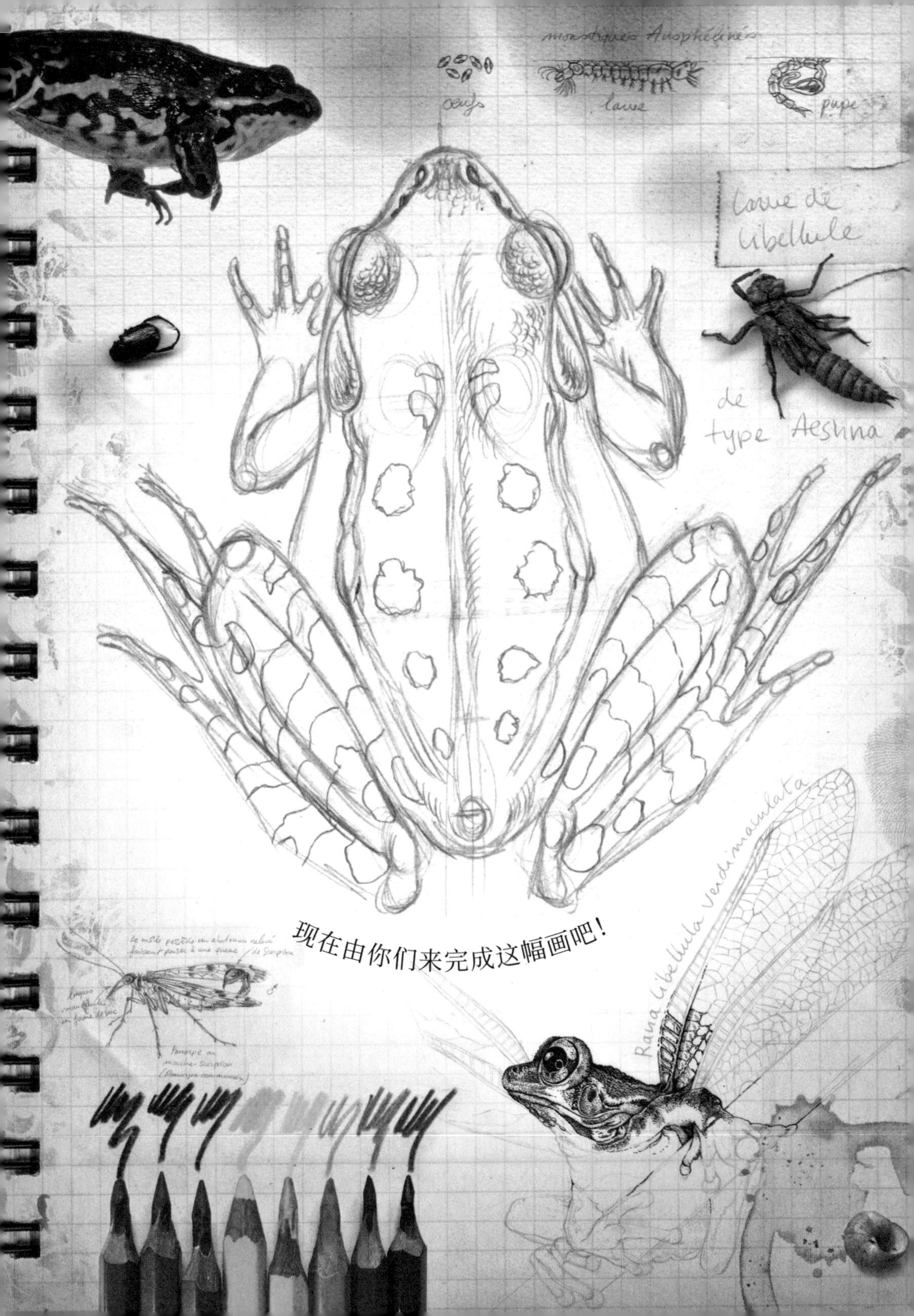
moustiques Anophélinés
oeufs
larve
pupe
Larve de libellule
de type Aeshna
现在由你们来完成这幅画吧！
Rana libellula verdimaculata

注释

i. 见第164页。

ii. David Vincent，1967年至1968年美国ABC电视台制作的科幻美剧《入侵者》（*The Invader*）中的虚构人物，试图阻止外星人入侵。

iii. 见第26页。

iv. 生境破碎化，指原本大面积、连续生境破碎成小面积、不连续生境的现象。

v. 见第29页。

vi. 如透翅蛾，见第148页。

vii. 见第142页。

viii. 见第56页。

ix. 见第97页。

x. 非洲狮、非洲象、非洲水牛、非洲豹和非洲黑犀牛。

xi. Ardennes，这是从比利时和卢森堡交界地一直延伸到法国境内的丘陵地带。

[法] 斯特凡 · 赫德

Stéphane Hette

法国摄影艺术家。拍摄蝴蝶十余年，摄影作品经常在法国及世界各地展出。法国著名自然杂志《自然图像》编辑，法国昆虫与环境协会(OPIE)成员。著有《路边偶遇的小动物》《路边偶遇的昆虫》等。

[法] 马塞洛 · 佩蒂内奥

Marcello Pettineo

法国博物学家，环保主义者。他从事的研究工作使他周游世界，并能将敏锐的视角和专业的知识运用到他的绘画上，作品《进化的伟大》曾在法国自然历史博物馆展出。

它们的名字

产品经理：许文婷　周　叶　　技术编辑：顾逸飞
书籍设计：吴偲靓　　　　　　责任印制：梁拥军
　　　　　一千遍设计工作室　出 品 人：路金波

图书在版编目（CIP）数据

它们的名字 / (法) 斯特凡·赫德，(法) 马塞洛·佩蒂内奥著；吴一凡译. —天津：天津人民出版社，2020.8

ISBN 978-7-201-16061-0

Ⅰ. ①它… Ⅱ. ①斯… ②马… ③吴… Ⅲ. ①自然科学-普及读物 Ⅳ. ①N49

中国版本图书馆CIP数据核字（2020）第110113号

它们的名字

TAMEN DE MINGZI

出　　版	天津人民出版社
出 版 人	刘　庆
地　　址	天津市和平区西康路35号康岳大厦
邮政编码	300051
邮购电话	022-23332469
网　　址	http://www.tjrmcbs.com
电子信箱	reader@tjrmcbs.com
责任编辑	张璐
特约编辑	康嘉瑄
产品经理	许文婷　周　叶
装帧设计	吴偲靓　一千遍设计工作室
制版印刷	河北鹏润印刷有限公司
经　　销	新华书店
发　　行	果麦文化传媒股份有限公司
开　　本	787毫米×1092毫米　1/16
印　　张	11.5
印　　数	1-5,000
字　　数	107千字
版次印次	2020年8月第1版　2020年8月第1次印刷
定　　价	68.00元